U0257185

万物皆谜 ◎ 策划

# 改变世界的 12个算法

王亚晖 ◎ 著

深圳出版社

**图书在版编目（CIP）数据**

改变世界的12个算法 / 王亚晖著. -- 深圳 ：深圳
出版社，2025. 1.（2025.5重印）-- ISBN 978-7-5507-2827-1

Ⅰ. TP301.6

中国国家版本馆CIP数据核字第2024PT5429号

# 改变世界的12个算法
GAIBIAN SHIJIE DE 12 GE SUANFA

出 品 人　聂雄前
责任编辑　何旭升　胡小跃
责任技编　梁立新
封面设计　花间鹿行
插　　画　范淏宣

出版发行　深圳出版社
地　　址　深圳市彩田南路海天综合大厦（518033）
网　　址　www.htph.com.cn
订购电话　0755-83460239（邮购、团购）
设计制作　深圳市龙瀚文化传播有限公司0755-33133493
印　　刷　深圳市华信图文印务有限公司
开　　本　787mm×1092mm　1/32
印　　张　8.75
字　　数　192千
版　　次　2025年1月第1版
印　　次　2025年5月第2次
定　　价　58.00元

# 序

在人类探索文明的进程中，陆续诞生了许多伟大的发明，如火种、轮子、电、互联网，它们都在各自的时代产生了深远的影响。但在这些物质发明之外，还有一类不太被人注意却同样拥有巨大影响力的东西——算法。

算法如同无形之手，悄悄地改变着我们的生活、工作和思考方式。

本书从简单的二进制编码，到复杂的深度学习模型，每一种算法背后都隐藏着人类智慧的火花，它们如魔法般运作，解决了一个又一个前所未有的难题。

当我们使用搜索引擎寻找所需信息，或者依赖导航软件寻找目的地时，其实都在与算法打交道。它们不仅仅是冰冷的代码，更是承载了无数工程师和科学家的辛勤努力与创新思考的结晶。它们是这个时代的驱动力，将我们从烦琐的计算与决策中解放出来，让我们有更多的时间去创新、探索与体验。

算法这个词语的历史可以追溯到公元 9 世纪的数学家阿尔·花剌子米（al-Khwārizmi），他的名字和他的著作在数学和算法的发展史上占有非常重要的地位。

阿尔·花剌子米是波斯裔，生活在巴格达。在那个时代，巴格达是全世界的知识与学术中心之一。阿尔·花剌子米是一位天文学家、地理学家，而最著名的身份是数学家。他的著作《积分和方程计算法》（又译《代数学》）是他名字永垂史册的主要原因。这本书不仅介绍了代数学（代数学的拉丁语名称 algebra 即源于此书），还对将印度数字系统（包括 0 的概念）介绍到阿拉伯世界和通过后来的翻译介绍到欧洲作出了巨大贡献。

这本书的拉丁文译本标题是"Algoritmi de numero Indorum"，其中"Algoritmi"是阿尔·花剌子米名字的拉丁化表达，而"de numero Indorum"意味着"关于印度数字的"。后来，"Algoritmi"一词就被欧洲学者们用来指代使用阿拉伯数字进行的各种数学计算过程，这个词最终演化成了"algorithm"，意为"算法"。

随着时间的推移，算法这个词语的含义已经从最初的数学计算规则扩展到更为广泛的程序和规则，现在它指代**任何一套定义清晰的操作步骤，通常是指为解决特定问题或完成特定任务而设计的一系列指令**。在计算机科学中，算法是执行各种计算、数据处理和自动推理任务的基础。现代算法包括搜索算法、排序算法、计算算法、优化算法等，它们是现代科技和互联网世界不可或缺的一部分。

这也解释了为什么算法在计算机编程和技术领域中如此重要。无论是搜索引擎为你找到相关信息，还是社交媒体为你推荐新的朋友和内容，背后都是复杂的算法在起作用。它们帮助计算机理解如何根据给定的输入信息作出决策或完成任务。

而且，算法的重要性并不限于技术领域。在数学、物理学、生物学乃至经济学中，算法都被视为一种工具，帮助研究人员解决复杂的问题。因为算法提供了一个结构化的框架，使得问题可以被分解、分析并得出解决方案。

算法是如此关键，所以其设计和优化常常需要深入学习并掌握专业知识和经验。不同的问题需要不同的算法，而同一个问题也可能有多种不同的算法解决方案。研究者们持续地努力寻找更加快速、简洁和高效的算法，以满足日益增长的计算需求。

好了，读者们，让我们开始算法之旅吧。

# 目　录

# 第一章 0与1的共舞：从二进制开始

在电子的宇宙里，一种简约而神秘的语言静静流淌，它名为二进制。它不似人类的语言有着华丽的辞藻和复杂的结构，却以最朴素的0和1铺展出一个无限宽广的虚拟宇宙。在那里，0是深邃宇宙的沉默，是黑夜中一片未被触及的空白，它静如古老的深海，安宁而神秘，是等待被唤醒的无形之力；1则是热情的火焰，是星辰勃发的光芒，代表着能量与生命，是挑战虚无的勇敢呐喊。这两个符号，就像宇宙中的阴与阳，相互对立，又互为因果。它们跳跃、旋转、组合，仿佛跳动的音符，奏出了一首无声的交响乐，那是一曲由时间的指尖弹奏出的宏伟乐章，讲述着宇宙从无到有的故事。

这简单的二进制编码是如此的精确无误，它们代表的不仅仅是数字的大与小，更是一个个操作的开与关，是逻辑的是与非。它们像是宇宙中最基本的粒子，不断组合，构建出丰富多彩的数字生态，无所不能，无处不在。每一次计算机的思考，每一次通信的传递，每一条数据的流动，都离不开这些基础的数字信使。它们在硅片上跳舞，在光纤中穿梭，在屏幕上展现出五彩斑斓的世界。虽然我们看不见它们的身影，但它们却是现代文明不可或缺的基石。

尽管二进制在现代电子计算机的发展史中扮演了至关重要的角色，但作为一种数学概念，它比电子计算机的出现要早得多。这种以两个数字符号（通常是 0 和 1）来表示数值的系统可以追溯到古代文明。

1646 年，莱布尼茨（G.W.Leibniz）出生之际，欧洲大陆正面临着一场巨大的历史风暴。位于莱比锡以西 300 公里处，德国王室和欧洲各大势力的代表已经连续会晤三年之久，而这场马拉松一般的谈判还将继续进行两年。这场旷日持久的战争的最终名字被刻在历史的石碑上，被称为"三十年战争"。

"三十年战争"始于神圣罗马帝国内部的冲突，后演变成一场欧洲范围内的大规模冲突。战争的导火索是波希米亚人对哈布斯堡家族统治的反抗，最终以哈布斯堡家族的失败并签署世界上首个国际公约画上句号。这场冲突带来了巨大的人口伤亡，各个日耳曼邦国的人口损失高达 25% 至 40%。在德意志各诸侯国，近 50% 的男性壮丁不幸阵亡，而平民中有约 800 万人失去了生命。

1653 年 7 月，莱布尼茨在度过了他 7 岁生日后不久，便踏入了莱比锡两所主要的拉丁学校之一的尼古拉学校。他在那里又度过了将近 8 年的学习时光，直到 1661 年复活节。与我们后来对莱布尼茨的认识不同，他的早期教育并没有涉及太多数学领域。这所学校的教学主要集中在希腊文、修辞和逻辑方面，而对算术、几何、天文和音乐的涉猎是非常有限的。

另一方面，莱布尼茨也投入了大量时间来进行自学。他的父亲是莱比锡大学的哲学教授，在莱布尼茨仅 6 岁时便去世了，给他留下一个庞大的图书馆。8岁时，莱布尼茨就开始涉足父亲图书馆的馆藏，在这里，莱布尼茨学到了拉丁文。

大约在1667年的秋天，莱布尼茨告别纽伦堡，开始一场当时许多欧洲特权阶层年轻学子都梦寐以求的大型学术之旅，以丰富自己的学识。他的首要目的地是荷兰，随后踏足英国、法国以及意大利。这次旅途并非一帆风顺，因为在1667年，这些地方仍然受到瘟疫的威胁。

莱布尼茨最终选择谋求一份正规的职业。受到老师的影响，莱布尼茨显然也被法律所吸引，他在莱比锡的毕业论文涉及亚里士多德的形而上学，由此获得了法学学位，同时也获得了一份对应的工作，负责修订基于罗马法的法律体系。

很快，莱布尼茨就迎来了自己人生中最大的转折点。

1672年，一身光鲜的莱布尼茨踏上巴黎的土地，受到了太阳王路易十四的亲自接待。莱布尼茨当时的身份是德国的高级外交官，他的任务是前来说服路易十四不要对德国展开军事进攻。然而，路易十四并没有立刻给出回答，而是邀请莱布尼茨在巴黎暂时安顿下来。法国皇室对这位年轻外交官十分礼遇，允许他进入最高级别的社交圈子。

当时的巴黎是知识与学术的繁荣之地，会聚了众多著名学者，其中就包括数学家克里斯蒂安·惠更斯（Christiaan Huygens）。当时43岁的惠更斯已经取得了一系列重要的成就，他发明了摆钟，并且还是土星环的发现者。但彼时他尚未提出光的波动理论（惠更斯认为光是由波动构成的，就像石块投入池塘中会产生波浪一样，光也是通过波动传播的），这一理论后来成为他最重要的贡献之一。在与莱布尼茨的交流中，惠更斯敏锐地察觉到了这位年轻人的数学才华，并开始亲自指导他学习数学。

在 1673 年第一次访问伦敦时，莱布尼茨展示了一台能够执行四种基本算术运算的计算机模型，这一发明创造引起了广泛的关注，最终使他被选为英国皇家学会的会员。

早在 30 年前，有另外一位知名的数学家曾经做过类似的发明。

17 世纪 40 年代，法国杰出的数学家和哲学家布莱瑟·帕斯卡（Blaise Pascal）为了帮助父亲解决繁重的税务计算问题，发明了一台机械式的计算器，这一发明被称为"帕斯卡计算器"。这台计算器的表面装有一系列金属齿轮，每个齿轮的边缘都刻有数字 0 到 9。操作员使用一个小手柄，类似于转盘电话的拨号方式，选择并输入相应的数字，从而进行加法或减法运算。当需要进位或借位时，齿轮之间的传动结构会自动引导前一个齿轮转动一个数字。

这台帕斯卡计算器不仅是世界上第一台获得专利并进行商业销售的计算器，也是当时计算技术领域的一项革命性发明。它极大地简化了复杂的数学计算过程，减轻了人工计算的负担，提高了计算的准确性和效率。

帕斯卡计算器虽然只能执行加法和减法运算，但对计算机科学领域的影响非常深远。几百年后，一位名为尼古拉斯·沃思（Niklaus Wirth）的计算机科学家创造了一种新的高级编程语言，并以布莱瑟·帕斯卡的名字来命名它——

"Pascal"。

帕斯卡成就斐然，比如对现代概率论的发展。帕斯卡和皮埃尔·费马（Pierre de Fermat）之间的一封信成为概率理论的重要起点。帕斯卡向费马提出了一个有关赌博游戏中奖金分配的问题。具体问题是：如果两个赌徒正在进行一场赌博游戏，但游戏尚未结束，那么他们应该如何合理地分配奖金？帕斯卡在一篇长达3000字的文章中详细研究计算了各种事件发生的概率，以回答这个问题。他的解决方案涉及计算每个赌徒赢得总奖金的概率，然后根据这些概率来分配奖金。这封信件的重要性在于它奠定了现代概率论的基础，如今在华尔街的算法交易和人工智能里，都应用了概率论相关的知识。

除了数学，帕斯卡还在物理学领域作出卓越的贡献。他对气体的研究为现代气体物理学的发展奠定了基础。他发现的"帕斯卡定律"描述了液体在封闭容器中的压力变化，这一成就对工程学和物理学产生了深远的影响。压强单位"帕斯卡"，使用的就是他的名字。

帕斯卡在哲学领域的思考也备受赞誉。他的著作《思想录》探讨了宗教、人性和信仰等哲学问题。帕斯卡对于人类存在的意义和信仰的探讨深刻而引人深思，他的哲学思想影响了后来的哲学家和文化发展。名言"人只不过是一根芦苇，是自然界里最脆弱的东西；但它是一根能思想的苇草"就源自帕斯卡的《思想录》。

不幸的是，布莱瑟·帕斯卡的生命是短暂的。他于1662年在巴黎去世，年仅39岁。

我们回到莱布尼茨的故事里。

莱布尼茨的机器比帕斯卡的机器更为进步的地方是能够进行乘除运算，这在当时是一项巨大的突破。

莱布尼茨前往伦敦，怀着向英国卓越的学术机构——英国皇家学会展示他的机械式计算器的雄心壮志。然而，令人遗憾的是，在展示过程中，这台机械式计算器发生了故障，导致莱布尼茨的计划泡汤。尽管如此，他的设计和思想却在接下来的两个世纪中产生了深远的影响。

莱布尼茨的机械式计算器的设计图纸被记录并保存下来，成为计算器发展历史上的重要文献。这些设计图为后代的计算器制造提供了宝贵的参考和灵感，一代又一代的计算器在这一基础上逐渐问世，推动了计算技术的进步。而莱布尼茨自己制造的那台机械计算器却在历史的长河中失落了两个多世纪，直到 1879 年，一位修理屋顶的工人在哥廷根大学的阁楼角落里偶然发现了它。

当时的机械式计算器都是不可编程的，直到 1833 年，英国数学家和发明家查尔斯·巴贝奇（Charles Babbage）设计并参与制造了一台可编程的机械式计算机。这台计算机标志着计算机科学领域的重要进展，这是后话了。

1676 年秋天，莱布尼茨离开了巴黎，返回汉诺威。从那时起，莱布尼茨开始了一段传奇般的学术生涯。

这位年轻人在 1684 年发表了论文《关于求极大值、极小值和切线的新方法，也能用于分数和无理量的情况以及非寻常类型有关计算》，这篇论文里的发明现在被称为微分；1686 年又发表了另一篇定义了积分的论文。两篇论文合起来就是微积分。

1701 年初，莱布尼茨向巴黎皇家学会提交了一篇论文，即论述二进制的《数字科学新论》。因为当时的人们看不出二进制有什么用，所以这篇文章被驳回了。莱布尼茨在两年后又提交了一篇名字特别长的论文 ——《论只使用符号 0 和 1 的二进制算术，兼论其用途及它赋予伏羲所使用的古老图形的意义》，并最终通过。

这篇论文引用了《易经》和八卦的思路。因为内容看着更新鲜，巴黎皇家学会觉得十分有趣，于是就通过了。而之所以会引用周易和八卦，是因为莱布尼茨受到一位在中国的传教士影响。1701 年 2 月 25 日，莱布尼茨写信给居住在北京的法国耶稣会神父白晋，信中介绍了二进制，同时告诉白晋他的论文被拒的原因。白晋于 11 月 4 日回信，告知莱布尼茨，二进制和周易的思想有相通之处。1703 年 5 月 18 日，莱布尼茨告诉白晋，这就是二进制的用途。于是，二进制和周易联系到了一起。

《易经》中的基本单位是"爻"，又分为"阳爻"和"阴爻"，这两种爻合称"两仪"。阳爻由一条长的横线"—"组成，阴爻以两条断开的横线"--"组成。

如果每次取两个，会有四种排列方式：

| 排列一 | — | — |
|---|---|---|
| 排列二 | — | -- |
| 排列三 | -- | — |
| 排列四 | -- | -- |

这四种排列方式被称为"四象"。

如果每次取三个，会有八种排列方式：

| 排列一 | — | — | — |
|---|---|---|---|
| 排列二 | — | — | -- |
| 排列三 | — | -- | — |
| 排列四 | -- | -- | -- |
| 排列五 | -- | -- | — |
| 排列六 | -- | — | — |
| 排列七 | -- | — | -- |
| 排列八 | — | -- | — |

这被称为"八卦"。

如果每次取六个，那就会得到六十四种排列，称为"六十四卦"。假如我们把阳爻看作 1，阴爻看作 0，我们获得的就是二进制，四象对应的就是 11、10、01、00。

讲解二进制前，我们要先阐释另外一个概念：什么是进制？

进制是数字的不同表现形式。不同进制所表现的数字是一样的，区别的只是进位方式，比如你有 32 只鸡，用十进制来表示就是 32，用二进制是 100000；用四进制是 200；用八进制是 40。进制不同，表达也不同，但所指都是这堆鸡的数量。所以要想搞明白进制，就必须要理解，数字本质上是一个抽象的概念。我们现在所学的十进制，只是其中一种约定俗成的表达方式，这个世界上还存在其他的表达方式。

我们之所以使用十进制，是因为两只手的手指加起来正好是 10 个。从古代人掰着手指头数数起，就开始接受了十进制。但十进制并不是唯一的表达方式，比如古巴比伦使用的是六十进制。现代数学体系是在十进制上建立起来的，所以我们的运算方式都是十进制，也更为熟悉十进制。但我们生活中应用到二进制思想的地方有很多，比如灯的开关，有"开"和"关"两个状态，这是二进制，可以对应二进制中的 1 和 0。这也是二进制的最大优势 —— 可以简单地表示两种状态。

要搞明白两种进制之间的关系，我们就要理解它们是如何转换的。

从十进制转换到二进制的方法是，用这个数字一直除以 2，并记录余数，一直到商数为 0。从下到上读余数，即是二进制的整数部分数字。而小数部分是用其乘 2，并记录整数部分的结果，再用计算后的小数部分重复计算，直到小数部分全为 0 为止，之后读所有计算后整数部分的数字，从上读到下。

我们举个例子，十进制数字 29.25，可以按照下面的方法转换成二进制。

首先是整数部分：

| 算式 | 整数部分 | 余数 |
|---|---|---|
| 29 ÷ 2 | 14 | 1 |
| 14 ÷ 2 | 7 | 0 |
| 7 ÷ 2 | 3 | 1 |
| 3 ÷ 2 | 1 | 1 |
| 1 ÷ 2 | 0 | 1 |

所以整数部分就是 11101。小数部分按照如下方法计算：

| 算式 | 结果 | 整数部分 |
|---|---|---|
| 0.25 × 2 | 0.5 | 0 |
| 0.5 × 2 | 1 | 1 |

所以小数部分就是 01。我们把两个数字合并在一起，得到了十进制数字 29.25 的二进制就是 11101.01。

下面的表格是十进制的 1 到 10 对应的二进制。

| 十进制 | 二进制 |
|---|---|
| 1 | 1 |
| 2 | 10 |
| 3 | 11 |
| 4 | 100 |
| 5 | 101 |
| 6 | 110 |
| 7 | 111 |
| 8 | 1000 |
| 9 | 1001 |
| 10 | 1010 |

二进制转化为十进制稍微复杂一点，计算方法是从二进制数的左边第一位起，从左往右，用每个位置上的数乘以 2 的相应位数的幂，然后把每一位的乘积相加即可得到二进制数对应的十进制数。比如 100101 转换成十进制就是：

$$100101 = 1 \times 2^5 + 0 \times 2^4 + 0 \times 2^3 + 1 \times 2^2 + 0 \times 2^1 + 1 \times 2^0$$
$$= 1 \times 32 + 0 \times 16 + 0 \times 8 + 1 \times 4 + 0 \times 2 + 1 \times 1$$
$$= 37$$

所以二进制的 100101 就是十进制的 37。

相对应的，二进制也有基本的数学运算，运算规则如下：

加法：$0 + 0 = 0$，$0 + 1 = 1$，$1 + 0 = 1$，$1 + 1 = 10$。

减法：$0 - 0 = 0$，$1 - 0 = 1$，$1 - 1 = 0$，$10 - 1 = 1$。

乘法：$0 \times 0 = 0$，$0 \times 1 = 0$，$1 \times 0 = 0$，$1 \times 1 = 1$。

除法：$0 \div 1 = 0$，$1 \div 1 = 1$。

晚年的莱布尼茨受到了巨大的争议，其中最主要的是和牛顿在微积分发明权上的矛盾。

英国科学家艾萨克·牛顿提出微积分理论，并在 1687 年的著作《自然哲学的数学原理》中详细描述了它。与此同时，德国数学家莱布尼茨也独立地发明了微积分，他在不久之后发表了与牛顿类似的理论。

争议的核心问题是谁先发现了微积分的基本原理，以及是否存在抄袭或信息泄露的情况。莱布尼茨声称他在牛顿之前独立发明了微积分，而牛顿的支持者则认为牛顿早在 20 年前就完成了相关研究，只是未公开发表。

这场争论最终演变成一场国际性的争端，牵涉到众多知名科学家和哲学家。如今普遍认为，莱布尼茨和牛顿分别从不同角度共同创立了微积分，而我们现在所使用的微积分符号则主要源自莱布尼茨。

虽然在莱布尼茨时代，人们就已经意识到了二进制可能有所价值，但是人们并没有搞明白它的核心意义是什么。直到19 世纪，二进制才迎来了它的第一次闪光。

19 世纪，一位英国科学家提出一套理论，和二进制产生了关联，也完善了日后电子计算机的底层理论。他叫乔治·布尔（George Boole）。

1815 年，乔治·布尔出生在英国林肯郡的一个工人阶级家庭。父亲是一名鞋匠，母亲是一名女仆。在当时的英国，这个家庭环境很难让孩子接受到正规的教育，所以布尔也只上过小学而已。但是布尔非常热衷于数学，他找到大量专业的数学教材自学。16 岁时，家里的经济条件已经难以维系正常的生活，所以布尔被迫在当地的小学教书。一直教到 20 岁时，布尔突发奇想：既然自己能授课，为什么不直接开一个学校？于是只有小学学历的布尔做了 15 年的校长。

这期间布尔并没有放弃研究，一直在撰写自己的论文，并投稿给《英国皇家学会哲学学报》的征文比赛，最终获得金奖。在学术上获得成就的布尔进入爱尔兰科克市皇后学院担任数学教授，从"民科"一跃成为欧洲小有名气的数学家。

1864 年，布尔冒着大雨步行 3 公里走到讲台，身着打湿的衣服为学生们授课，结果感染肺炎。从文艺复兴时期到19世纪，肺炎一直是人类无法攻克的疾病。布尔也倒在肺炎的面前。而当时人们对医学的无知也加剧了这个问题，据说布尔的妻子用湿冷的床单包裹他来试图治疗他的肺炎。

布尔培养了5个出色的女儿。

大女儿玛丽·艾伦（Mary Ellen）嫁给一位知名数学家，她有一个名为琼·辛顿（Joan Chase Hinton）的孙女和一个名为威廉·辛顿（William Howard Hinton）的孙子。琼·辛顿有个中文名叫寒春，是美国知名物理学家，杨振宁和李政道的同学，参与了三位一体计划；而威廉·辛顿也有个中文名叫韩丁，这两人日后都来到中国生活。2004年，寒春获得中国政府颁发的第一张外国人永久居留证。布尔的二女儿玛格丽特（Margaret Taylor）的儿子杰佛里·泰勒爵士（Sir Geoffrey Ingram Taylor）是英国皇家学会的会员，也是流体力学的泰斗，并参加了曼哈顿工程。三女儿艾丽西亚（Alicia Boole Stott）是个杰出的数学家，她的研究甚至是爱因斯坦广义相对论的理论依据，她的儿子列奥纳德·斯托特（Leonard Boole Stott）找到了治疗结核病的方法。四女儿露茜（Lucy Everest Boole）是个化学家，也是英国皇家化学学会的第一位女会员。而小女儿叫艾捷尔·丽莲·伏尼契（Ethel Lilian Voynich），是小说《牛虻》的作者。

布尔一生最大的成就是提出了逻辑代数，也被称为布尔代数。在探索逻辑推理和符号逻辑的基础理论时，布尔发现了一种逻辑运算的方法，它可以将逻辑表达式转化为代数式，从而使逻辑问题得到数学化的处理。简而言之，使用布尔代数，我们可以用一个式子来表示一系列逻辑问题。

这个成就源自 17 岁的布尔在草坪散步时的突发奇想，很多年后，他才自费出版了《思维规律的研究——逻辑与概率的数学理论基础》（*An Investigation of the Law's of Thought, on Which Are Founded the Mathematical Theories of Logic and Probabilities*）。该书进一步完善了第一本书的逻辑代数理论和方法，构建了一个完整的关于 0 和 1 的全新的代数系统。

在布尔之前，数学家们进行的逻辑运算是文字层面的，延续自古希腊数学家亚里士多德。比如已知条件一是"人类需要进食"，条件二是"李二狗是人类"，那么可以获得的结论是："李二狗需要进食"。这是最古典的三段论的逻辑推理方式。但是这种描述方式太不数学了，典型的数学描述方式应该是可以使用一个公式来表示的，也就是所谓的代数式。布尔的突破就是发明了一套好用的代数法。

布尔代数的基本运算符号有三种：与、或、非。三种运算符号的具体解释为：

- 与（AND）运算：如果两个变量都为真，则结果为真，否则结果为假。符号为"∧"。
- 或（OR）运算：如果两个变量中至少有一个为真，则结果为真，否则结果为假。符号为"∨"。
- 非（NOT）运算：如果变量为真，则结果为假，如果变量为假，则结果为真。符号为"¬"。

布尔代数和二进制最大的关系在于，在布尔代数的体系里，是用0和1来分别表达"假"和"真"两种状态。基于这一点，我们可以列出以下两个表格：

| x | y | x ∧ y | x ∨ y |
|---|---|---|---|
| 0 | 0 | 0 | 0 |
| 1 | 0 | 0 | 1 |
| 0 | 1 | 0 | 1 |
| 1 | 1 | 1 | 1 |

| x | ¬x |
|---|---|
| 0 | 1 |
| 1 | 0 |

一般而言，我们认为布尔代数的优势有四点：（1）简洁性：布尔代数提供了一种简洁的符号表示法，能够清晰地表示复杂的逻辑关系，使逻辑问题的描述和解决变得更加简单和直观。（2）可计算性：布尔代数的运算规则非常简单，能够进行形式化的运算和计算。（3）通用性：布尔代数是一种通用的逻辑代数，不仅适用于二元逻辑，还适用于多元逻辑。（4）可扩展性：布尔代数是一种可扩展的代数系统，可以根据需要扩展或改进运算规则，以适应新的逻辑问题和应用领域。

那计算机的底层的二进制，和这个布尔运算有什么关系呢？

我们假设一个串联电路上有两个开关A和B，还有一个灯泡，那么开关的闭合和灯泡亮不亮的关系图如下：

| 开关A | 开关B | 灯泡 |
|---|---|---|
| 断开 | 断开 | 不亮 |
| 断开 | 闭合 | 不亮 |
| 闭合 | 断开 | 不亮 |
| 闭合 | 闭合 | 亮 |

因为写闭合、断开、亮和不亮是很麻烦的，所以如果我们用 1 表示闭合和亮，用 0 表示断开和不亮，就可以获得下面更简洁的表格：

| 开关A | 开关B | 灯泡 |
|---|---|---|
| 0 | 0 | 0 |
| 0 | 1 | 0 |
| 1 | 0 | 0 |
| 1 | 1 | 1 |

读者有没有发现，这个结果就是对应着前面与（AND、∧）的运算结果。下面我们看一下并联电路，其上有两个开关 A 和 B，还有一个灯泡，那么开关闭合与灯泡亮不亮的关系如下：

| 开关A | 开关B | 灯泡 |
|---|---|---|
| 断开 | 断开 | 不亮 |
| 断开 | 闭合 | 亮 |
| 闭合 | 断开 | 亮 |
| 闭合 | 闭合 | 亮 |

然后我们再抽象成 0 和 1，就是如下的结果：

| 开关A | 开关B | 灯泡 |
|---|---|---|
| 0 | 0 | 0 |
| 0 | 1 | 1 |
| 1 | 0 | 1 |
| 1 | 1 | 1 |

我们对比前面表格可以发现，这就是或（OR、∨）运算的结果。所以计算机的底层是由一个个相似的小电路组装而成的，如前文提到过的小开关，这个小电路或者说小开关就叫作逻辑门，是组成电子计算机的基础。此外，通过二进制的加法器等功能，可以实现庞大的数学运算，进而运行电脑上的操作系统和各种软件。

实际上的逻辑门要复杂很多，除了"与、或、非"三者外，还有"与非""或非""异或"等更为复杂的操作。此外，在学习编程后会知道，几乎所有编程语言都有一个名为布尔类型的变量。这个布尔就是以乔治·布尔的名字命名的。

而我们前面提到的那些运算符号，则来自另一位数学家和逻辑学家戈特洛布·弗雷格（Friedrich Ludwig Gottlob Frege）。

弗雷格的生平始于德国的维斯玛，他在年轻时进入耶拿大学，之后转至哥廷根大学，最终获得了数学博士学位。尽管他在学术界的表现一般，并且一直担任副教授职位，但他的真正贡献体现在他于1879年出版的小册子《概念文字》（*Begrifsschrift*）中。

这本不到100页的小册子引入了一套符号体系，用于表示逻辑和数学概念。这些符号在当时是全新的，但后来演变成了现代数学和逻辑学中广泛使用的标准符号。这些符号包括了逻辑运算符号，例如∧（与）、∨（或）、¬（非），以及量词符号，如∀（全称量词）和∃（存在量词）等。这些符号的引入使得数学和逻辑表达更加简洁和精确，为后来的数学家和逻辑学家提供了强大的工具。

到这里，我们已经基本讲完了二进制相关的知识，读者朋友是不是认为日后电子计算机的发展就沿用了这一套框架？

事实上并没有那么顺利，在此之后人类绕了很长的一段弯路，才造出了最早的计算机。

1842 年，和布尔几乎同时期的埃达·洛夫莱斯（Ada Lovelace）在为英国数学家、天文学家及发明家查尔斯·巴贝奇（Charles Babbage）的分析机写说明时，设计了几组不同的输入符号。因为这些操作，埃达成为世界上最早的程序员。这在当时显得难能可贵，因为当时的女性很少有机会上学。而埃达还有另外一个身份经常被人提及 —— 她是英国著名浪漫主义诗人拜伦之女。

查尔斯·巴贝奇在 1822 年完成了第一台差分机，这台机器能够同时处理 3 个不同的 5 位数，并且具有 6 位小数的计算精度。巴贝奇立刻用这台机器演算出了多种函数表。英国政府看到了巴贝奇的研究潜力，与之签署了历史上第一个科研合同，慷慨资助了这台大型差分机的研发，提供了 1.7 万英镑的经费支持。巴贝奇自己也投入了 1.3 万英镑，以弥补研发经费的不足。

第二台差分机由大约 25000 个零部件组成，主要部件的误差限制在每英寸千分之一。即使使用现代的加工设备和技术，要制造出这种高精度的机械也是一项艰巨的任务。巴贝奇将差分机的制造任务交给了英国著名的机械工程师约瑟夫·克莱门特所属的工厂，但由于机械结构过于复杂，这台机器最终并未制造成功。这个历史事件表明了巴贝奇的机械计算设想超越了当时的技术水平。

1833 年，查尔斯·巴贝奇开始探索使用蒸汽来驱动计算机的可能性，并着手设计一台这样的机器。他坚信，如果能够制造出这台机器，将实现计算过程的机械化，这不仅仅是制表的差分机，而是一种通用的数学计算机。他将这个全新的设计称为"分析机"。这台机器能够自动解决涉及 100 个变量的复杂问题，每个数可以有 25 位，计算速度达到每秒钟执行一次。

然而，当时的科技水平有限，而且埃达·洛夫莱斯和查尔斯·巴贝奇本人对二进制计算并不了解，导致了分析机的开发进展缓慢。他们遇到了种种困难，包括机械工程上的挑战以及财政问题。尽管分析机没有在巴贝奇生前完成，但这个设想为计算机科学的发展奠定了坚实的基础，最终成为现代计算机的雏形。巴贝奇的分析机理念被认为是计算机史上的重要里程碑。

查尔斯·巴贝奇之所以有创建差分机和分析机的想法，是因为在他所处的时代，人们进行数学运算基本都依赖查阅表格和手工计算。在 18 世纪末，法国启动了一项宏大的计算工程，即编制《数学用表》。在当时没有先进计算工具的情况下，这是一项极其艰巨的任务。法国数学界召集了大批数学家，组成了一条人工手工计算的生产线，工作日夜不停，最终完成了 17 卷庞大的书稿。然而，即使如此，这些手工制作的数学用表仍然包含大量错误。

这个艰巨的工作过程让巴贝奇深刻认识到了手工计算的不足，激发了他创造一种机械计算机来自动执行数学运算的愿望。

1943 年，美国费城莫尔电气工程学院的约翰·莫奇利（John Mauchly）和约翰·埃克特（John Ecker）提出了一项革命性的计算机概念。随后，他们迅速与美国军方展开合作，共同研发了一台电子数字积分计算机，即 ENIAC（Electronic Numerical Integrator and Computer），它很快成为第一台完全电子化的数字计算机。

1946 年，世界上第一台电子计算机 ENIAC 诞生。[①] 但它其实是十进制的，也就是说当时的人们根本没有把电子计算机和二进制以及布尔代数关联到一起，人们依然延续了当年巴贝奇制造计算器的思路。虽然当时有一些计算机采用了二进制设计思路，比如德国的 Z3 计算机和美国的阿塔纳索夫 – 贝瑞计算机，但是通用性极差，只能用来解决固定的问题。

而把这些内容关联到一起的是另一个美国人。

我们现在把二进制中的一位叫作一个 bit。电脑存储空间里的 bit，就是源自这里。最早使用 bit 这个名词的是一个名为克劳德·香农（Claude Shannon）的人。同样，虽然布尔发明了布尔代数，但因为时间太早，人们并没有意识到布尔代数是可以应用到电子计算机领域的，发现这个的人也是克劳德·香农。

1932 年，香农进入密歇根大学学习，于 1936 年毕业，获

---

① "第一台"这个说法一直有争议，这里只是沿用了大部分人的认知。

得两个学士学位：电子工程和数学。此后，香农进入了麻省理工学院学习，并且参与了微分分析机的研发工作。微分分析机是最早的模拟计算机，也被认为是电子计算机的鼻祖。1937年，香农完成了自己的硕士论文，内容是布尔代数和二进制运算可以简化当时电话交换机的底层设计，进而可以应用到电子计算机上。有知名学者认为这篇论文是20世纪最有价值的硕士论文，奠定了电子计算机的基础。香农又凭借后续的研究获得了麻省理工学院的博士学位。

香农发现世界上许多现象与布尔代数的逻辑有着紧密的对应关系。无论是电路的开关、电压的高低，还是数学领域的0和1，都与布尔代数的逻辑运算紧密相连。香农将这种对应性引申到实际应用中，提出了一个创新的构想：将基于布尔代数的逻辑电路应用于控制分析仪的运行，通过这样的方式，分析仪能够更高效地解决更为复杂的问题。

基于这一构想，香农进一步深入探索，并取得了更大的突破。他揭示了加法、减法、乘法和除法等运算，实际上都可以通过组合多个基本的逻辑电路来实现。这个想法就好比用乐高积木一块一块地搭建出一个复杂的结构，通过简单的逻辑元件，我们可以构建出各种复杂的数学运算。香农的发现为数字计算机的运作原理提供了强力的思想支持。

香农的贡献不仅仅在于理论的创新，更在于他将抽象的数学思想应用于实际问题，从而推动了现代计算机科学的发展。他的工作不仅影响了计算机领域，还启示我们在解决问题时，将抽象思维与实际应用相结合的重要性。

1940 年，香农成为普林斯顿高等研究院的研究员，在那里还有约翰·冯·诺伊曼（John von Neumann）。1943 年，香农和阿兰·图灵（Alan Turing）交流过关于电子计算机的畅想。

我们现在所熟悉的电子计算机的底层框架，就是建立在香农、约翰·冯·诺伊曼和阿兰·图灵的理论基础上，三人从不同的角度完善了现代计算机的理论体系。而最根本的，就是二进制算法。

我们要去说一说他们的故事了。

如果我们去找一个当代天才的模板，毫无疑问就是冯·诺伊曼。

冯·诺伊曼是一位美籍匈牙利数学家和理论物理学家，于 1903 年出生。他以"数学神童"的身份而闻名，早年的数学才华令人瞩目。他在 6 岁时就能够进行 8 位数的心算除法，8 岁时掌握微积分，12 岁时已经理解了函数论。通过刻苦学习，他在 17 岁时发表了他的第一篇数学论文。随着时间的推移，他掌握了 7 种语言，同时在新兴的数学分支，如集合论和泛函分析等方面取得了突破性进展。

22 岁时，他获得了瑞士苏黎世联邦工业大学的化学工程师文凭。不久之后，他又获得了布达佩斯大学的数学博士学位。后来，他将注意力转向了物理学，并在量子力学的数学模型研究方面取得了杰出的成就，这使他在理论物理学领域占据了重要地位。冯·诺伊曼以他杰出的数学和理论物理学贡献而闻名于世，被认为是 20 世纪最重要的数学家之一。

冯·诺伊曼和阿兰·图灵两个人也被从不同的角度称为计

算机之父。

图灵的父亲是一位印度的公务员，而他的母亲则是一位英国人，二人在印度相遇，并决定回到英国后结为连理。他们在都柏林举行了婚礼，一起到美国黄石公园度过了浪漫蜜月旅行。阿兰·图灵于 1912 年 6 月 23 日出生在伦敦。他是家中的第二个孩子，有一个比他年长的哥哥约翰。

因为小时候父母频繁往返于印度，所以经常把阿兰·图灵寄宿在一个退伍上校家里。远离父母导致了阿兰·图灵性格内向，不善与人沟通。母亲发现了图灵的问题，并把他送到了寄宿制学校里，也是在这里，阿兰·图灵意识到了自己的性取向和普通人有所不同。

阿兰·图灵在学业上表现出色，因此获得了剑桥大学国王学院的一份奖学金。这份奖学金不仅解决了他的住宿问题，还每年提供 80 英镑的津贴，使他能够专心于学业。在剑桥的学习生涯中，他有幸结识了知名数学家哈代，同时也有机会翻阅了冯·诺伊曼写的《量子力学的数学基础》（*Mathematische Grundlagen der Quantenmechanik*）。

然而，阿兰·图灵在学术领域真正崭露头角的时刻要追溯到 1935 年。那一年，他在一门关于数学基础的课程上，聆听了教授 M.H.A. 纽曼（M.H.A.Newman）讲解哥德尔不完全性定理。哥德尔不完全性定理是 20 世纪数学领域诞生的一项重大发现，它颠覆了我们对数学的传统理解，揭示了数学体系内在的局限性，同时也探讨了自指悖论的深层含义，由奥地利数学家库尔特·哥德尔（Kurt Gödel）于 1931 年提出。M.H.A. 纽曼创造了纽曼代数，也在战时的布莱切利园帮助英国进行密码破译，同时，他还深深地影响了图灵。

在 1935 年夏天，图灵与冯·诺伊曼首次相遇，当时冯·诺伊曼正在普林斯顿大学担任教职。然而，他放下了繁重的工作，来到剑桥大学发表了一场备受瞩目的演讲。也是在 1935 年，图灵发表了他的第一篇论文，该论文扩展了冯·诺伊曼在前一年发表的研究成果。当时他们可能根本没想到，两人会在次年于新泽西州的普林斯顿再次相遇。

1936 年 4 月，图灵把论文《论可计算数及其在判定性问题上的应用》（*On Computable Numbers, With an Application to the Entscheidungsproblem*）的草稿交给了纽曼。但是在图灵完成论文的几乎同一时间，另外一位知名的数学家阿隆佐·丘奇（Alonzo Church）已经完成了一篇内容相似的论文。但是纽曼还是鼓励图灵应该把论文发表，因为两者在方法上有根本差异。图灵知道了阿隆佐·丘奇的存在之后，决定前往普林斯顿，会一会这个和自己有相似想法的人。

图灵去的是普林斯顿大学，而丘奇所在的地方是高等研究院，两者虽然在同一个地方，但并不是同一个机构。

普林斯顿高等研究院（Institute for Advanced Study, IAS）的创立可以追溯到 20 世纪 30 年代，当时正值大萧条时期，全球经济不景气，但也正是在这个时刻，一个非凡的愿景在一位杰出的数学家——亚伯拉罕·弗莱克斯纳（Abraham Flexner）的脑海中孕育而生。弗莱克斯纳认为，为了推动科学和人文领域的研究，需要提供一个无拘束、无课程压力的自由学术环境，让杰出的学者可以自由探讨他们感兴趣的领域，而不受时间和教学任务的束缚。

亚伯拉罕·弗莱克斯纳的愿景得到了一位热心的赞助人——路易丝·伯肯斯泰因女士的支持。伯肯斯泰因女士是一位富有并且具有社会良知的女性，她相信弗莱克斯纳的愿景，决心用自己的财富来支持这个独特的研究机构。她捐赠了大笔资金，用于创立 IAS，并在成立初期提供了必要的经济支持。

1930 年，普林斯顿高等研究院正式成立。它的目标是吸引世界上最杰出的学者，为他们提供理想的学术环境，鼓励他们进行前沿研究。IAS 迅速吸引了众多杰出的学者，包括数学家克莱因、物理学家爱因斯坦等，他们在这里展开了一系列重要的研究工作。

图灵于 1936 年 9 月到达普林斯顿时，最想见到的是库尔特·哥德尔，但这时哥德尔已经离开了。不过他在这里见到了冯·诺伊曼和曾经给自己上过课的哈代。

图灵在普林斯顿大学度过了两年的时间，其间得到了丘奇的悉心指导。在丘奇的指导下，图灵撰写了一篇重要的论文，并在 1938 年获得了博士学位。然而，尽管冯·诺伊曼曾提出一个诱人的工作机会，包括年薪 1500 美元和担任助理的职位，图灵却婉拒了这一机会。他于一个月后返回英国，回到了剑桥大学，开始了自己的教职生涯。

1940 年到 1944 年期间，第二次世界大战正在肆虐，德国的飞机在英国上空投下了近 20 万吨的炸弹，英国面临着严重的威胁。正是在这个危急时刻，图灵展现出了他非凡的数学天赋和计算机科学才华。

图灵领导了一支由数学家组成的团队，致力于破解德国的密码系统，其中最著名的是恩尼格玛密码（Enigma Code）。恩尼格玛密码机是德国军方用来加密其通信的设备，被认为是不可破解的。然而，图灵和他的团队接受了这一挑战。他们研发出一台机器，可以模拟恩尼格玛密码机的工作原理，从而解密了发送到德国船只和飞机的所有军事命令的密码。这项突破为盟军提供了宝贵的情报，对盟军的胜利产生了决定性的影响。

关于这段故事在本书的第七章"深邃黑暗的钥匙：加密算法"里还会继续讲述，我们回到电子计算机上。

1945 年 6 月，冯·诺伊曼加入了 ENIAC 项目，并提出了他著名的《关于 EDVAC 的报告草案》，这一举措实际上是在倡导将即将建造的 EDVAC（电子离散变量自动计算机）作为图灵通用机的一个物理实体来实现。就像抽象设备上的纸带一样，EDVAC 具备了存储能力，而冯·诺伊曼称之为存储器，这个存储器不仅可以存储数据，还能存储代码指令。为了实现实用性，EDVAC 还包括了一个能够在一步之内执行各种算术基本操作的算术单元。这一突破性的理念为现代计算机架构奠定了坚实的基础，将数据存储和指令处理相结合，被认为是现代计算机架构的基础。1945 年末，图灵也完成了他那篇备受瞩目的 ACE（Automatic Computing Engine，自动计算引擎）报告，不过图灵生前并没有看到这台计算机建造完成，最终是交由詹姆斯·哈迪·威尔金森负责（James Hardy Wilkinson）。

阿兰·图灵和冯·诺伊曼这两人的理论完善了现代电子计算机的概念，在这个过程里，计算机科学家们也逐步接受了二进制的使用。

但是英雄的结局并不都是喜剧。

1951年圣诞节前夕，阿兰·图灵与一个年仅19岁的年轻人阿诺德·默里开始了短暂的暧昧关系。默里来自一个贫困的工人阶级家庭，但他并不算是一个好人，曾因小偷小摸行为而受到过法律制裁。在圣诞节过后的不到一个月，图灵回家的那个晚上，发现自己的住所被盗。尽管丢失的物品总价值不到50英镑，但图灵内心感到非常烦乱。小偷显然认为对同性恋者实施盗窃是相对安全的，因为他们害怕报警。而通常情况下，一个审慎的人面对这个情境可能不会轻举妄动，但图灵选择去警察局报案。

最终，法庭还是处罚了图灵。在当时，同性恋是比盗窃更严重的罪责。如果图灵同意接受一年的激素注射治疗，他将可以避免入狱。这个决定暴露了当时对同性恋的歧视和偏见，使图灵不得不做出艰难的抉择。1954年6月7日，阿兰·图灵吃下了浸泡在氰化物溶液中的半个苹果，结束了自己的生命。

# 第二章　思想迷宫的捷径：从递归引入

在思想的迷宫中，递归是一条螺旋的路径，它深入心灵的森林，回旋上升，又渐渐返回原点。这是一种神奇的旅程，每一次的前进都包含着上一次的回响，每一层的深入都携带着前层的影子。递归，就像一面镜子里的镜子，反射出无尽的自我。它不断地复制自身，却又在每次复制中创造出全新的意义。在递归的世界里，没有终点，只有不断展开的过程，每一步都既是起点又是终结，就像生命之树的枝条，向着天空无限延伸，同时又深深扎根于大地。

在编程的艺术里，递归是一种巧妙的笔触，以一种几乎神秘的方式重复自身，却又每次都留下新的痕迹。它可以将复杂的问题层层剖解，直到化为简单，就像是不断剥开的洋葱，每层都是泪水，每层都是洞察。

在自然界中，递归是造物主的乐趣。它在雪花的六角之中，树叶的脉络之上，山脉的轮廓之间，无处不在，无时不有，无限地复制着它的美丽和秩序。在这看似重复的过程中，实则是创造了一个又一个独一无二的世界。

递归是学习算法和编程时早期接触的重要概念之一。它不仅引导学生理解函数自我调用的过程，还让他们认识到解决问题时可以采用优雅而有力的方法。递归作为一种算法结构和思想，可以被应用于各种数据结构和问题中，比如从简单的阶乘计算到复杂的树遍历和图搜索算法。

对于初学者来说，递归比较难以理解。这是因为掌握递归需要一定的抽象思维能力，学生必须能够理解函数调用自己并正确处理返回值的过程。此外，递归解决问题的非直观性可能也会让人困惑，特别是在能够用迭代解决的情况下。然而，一旦掌握，递归就会成为一种强大的工具，学生可以使用它来简化代码和逻辑，尤其是在处理分支结构和重复子问题时。

递归的历史可以追溯到著名的数学家库尔特·哥德尔。他是 20 世纪最杰出的逻辑学家和数学家之一。他于 1906 年 4 月 28 日出生于奥匈帝国的布尔诺（现属于捷克共和国），在一个说德语的家庭中长大。哥德尔在青年时期就展现出了非凡的数学天赋，他在数学和逻辑学领域的贡献深远而广泛，对哲学、计算机科学、语言学等多个学科都产生了重要影响。

哥德尔在维也纳大学学习，并在 1930 年获得了博士学位。他的博士论文为《关于形式不定的命题演算》（*Über die Vollständigkeit des Logikkalküls*），其中他证明了一阶逻辑的完备性，这表明在一阶逻辑中，所有逻辑上真实的命题都可以通过一组固定的逻辑规则来证明。

1931 年，哥德尔发表了他最著名的工作成果，即哥德尔不完全性定理。这个定理表明，对于包含基本算术的任何一致的形式系统，存在一个在该系统内无法证明或反驳的真命题。这个发现震惊了数学界，因为它意味着人们追求的将数学建立在坚实无懈可击的逻辑基础上的梦想是不可能实现的。

哥德尔不完全性定理，不仅改变了数学的发展方向，也对哲学产生了深远的影响。它挑战了人们对数学、逻辑和认识论的传统看法，引发了关于人类理解世界的能力和局限性的深刻讨论。

在 20 世纪 30 年代，哥德尔离开了纳粹统治下的欧洲，移居美国，并在普林斯顿高等研究院与阿尔伯特·爱因斯坦等杰出学者共事。在普林斯顿，哥德尔继续进行他的研究，并对相对论和哲学问题表现出了浓厚的兴趣。

哥德尔晚年患有严重的抑郁症和偏执症。他对食物和药物的安全性产生了极度的怀疑，最终导致他在 1978 年 1 月 14 日因营养不良和体重极度减轻而去世。

哥德尔不完全性定理的核心思想之一是自指性。在定理中，存在一个命题，它描述了自身的不可证明性。换句话说，存在一个命题，可以表述为："这个命题不可被此系统证明为真。"如果这个命题为真，那么它自己的陈述也是真实的。然而，由于系统无法证明它为真，这就创造了一个悖论。

这个自指悖论揭示了形式系统内在的局限性。传统上，我们认为数学是一种完备的、自洽的体系，可以用来证明或推导一切数学命题。然而，哥德尔不完全性定理表明，即使是最精密的形式系统，也会包含一些无法在其内部证明的命题。这意味着数学永远无法涵盖所有真实的数学命题，它有其局限性。

哥德尔不完全性定理的另一个重要价值是它对数学的局

限性的启示。数学家一直以来追求一种公理化体系，希望通过一组明确的公理和规则来推导所有数学命题。然而，哥德尔不完全性定理表明，这种设想是不可行的。即使在最简单的数学体系中，仍然存在不可证明的命题，这些命题无法通过公理和规则来推导。

这一发现对数学哲学产生了深远的影响。它挑战了数学家们关于数学基础和形式系统的传统观念，引发了对数学本质的思考。哥德尔的工作成果表明，数学的发展不仅仅是一种机械的推导过程，还包括创造性和直觉性的成分。数学家需要超越形式系统的限制，借助直觉和创造力来探索数学的更深层次。

哥德尔的证明利用了一种自指的方法，创建了一个命题说"这个命题是不可证明的"。这种自指的性质和递归的概念是紧密相关的，因为它们都涉及系统在某种程度上引用或调用自身。哥德尔的证明展示了形式系统中可能存在的一种奇异且深刻的自相矛盾的性质。这种自指性质的发现激发了对形式系统、递归和可计算性的深入研究，也为计算机科学的发展奠定了基础。

之后 λ 演算的引入也为递归的发展提供了一定形式上的规范。λ 演算来自阿隆佐·丘奇。

阿隆佐·丘奇于 1903 年 6 月 14 日出生于华盛顿特区。他的父亲是哥伦比亚特区的市政法院法官。1920 年，丘奇进入普林斯顿大学，哪怕在天才如云的普林斯顿，他的成绩也十分优异、名列前茅。在 1924 年，他首次发表了关于洛伦兹变换的论文，并在同年获得数学学位毕业。而后他留在普林斯顿进行研究生学习，仅用 3 年时间就获得了数学博士学位。

在 20 世纪 40 年代初，丘奇开始致力于研究一个核心问题：什么是明确的计算过程？这个问题对于数学和逻辑学的基础至关重要，因为它涉及什么是"可解的"或"可计算的"。为了回答这个问题，丘奇发明了一个名为 λ 演算的形式系统。

20 世纪中期，丘奇和阿兰·图灵分别提出了两种独立的计算模型，这两种模型后来被证明等效，成为计算理论中的基石。这开创了计算机科学的先河，为理解计算和算法提供了重要的数学基础。

丘奇引入的 λ 演算是一种用于描述函数和计算过程的形式系统。它使用 λ 符号表示函数，允许函数引用自身，实现了递归，这在数学和计算机科学中具有重要意义。

λ 演算听起来可能是一个复杂的名词，但其实它只是一种用极简的方式描述如何进行计算的方法。可以把它想象成一个微型的"编程语言"，虽然只有几条规则，但足以描述世界上的任何计算任务。

设想一下，当我们在日常生活中谈论"函数"时，其实就是说有一个"规则"或"配方"，可以根据某个输入得到某个输出。例如，考虑一个简单的函数：将输入的数字加 1。如果我们输入 3，那么输出就是 4。

在 λ 演算中，我们可以这样表示这个"加 1"的函数：λx.x+1。这里的 λ 是一个标记，它告诉我们："嘿，我要开始描述一个函数了！"而 x 是这个函数的输入。因此，整个表达式可以读作："给我一个 x，我会给你一个 x+1。"

那么，我们如何使用这个函数呢？在 λ 演算中，我们简单地将函数和它的输入放在一起。如果我们想将上面的函数应用于数字 3，我们只需写为：(λ x.x+1) 3。这意味着"取 λ x.x+1 这个函数，并将 3 作为输入"，结果是 4。

这就是 λ 演算的基础。当然，真正的 λ 演算包含更多的规则和技巧，以处理更复杂的计算。但只需这些简单的规则，我们就可以描述任何复杂的计算过程。比如递归就要使用 Y 组合子的特性，这较为复杂，这里就不细说了。

你可能会疑惑，为什么这种简单的表示方式如此重要？原因在于，λ 演算为计算机科学家和数学家提供了一个极简、统一的计算模型。许多现代编程语言，尤其是那些强调函数的语言，都在不同程度上受到了 λ 演算的影响。

λ 演算被认为是计算机科学和数学的交汇点，作为一个简洁而强大的形式系统，为我们提供了描述函数和其应用的基本工具。它的美妙之处在于，尽管构建于非常基础的概念之上，但其能够表达极其复杂的计算过程，进而为现代计算理论和编程语言的发展奠定了基石。λ 演算为表达函数式编程语言和计算机科学中的抽象概念奠定了基础。

几乎在 λ 演算被提出的同时，阿兰·图灵也提出了图灵机的概念，这是一种抽象的计算设备，具有与递归函数类似的计算能力。图灵机由一条无限长的纸带和一个读写头组成，它可以读写纸带上的符号，并根据一定的规则进行计算。图灵机模型被认为是通用计算设备，因为它可以模拟任何其他计算设备，包括今天的计算机。

重要的是，丘奇和图灵独立地证明了他们的计算模型是等效的，这一观点被称为"丘奇—图灵论点"。这个观点表明，递归函数和图灵机都能用于描述相同的计算过程，这个等价性成为计算理论的基础。

好了，我们终于要开始讲解什么是递归了，但首先我们要先讲明白什么是递推。

递推思想是一种在数学、计算机科学以及日常生活中得到广泛应用的重要思维方式。它是一种基于前一步的结果来推导出下一步的方法，通常伴随着层层迭代、逐步逼近目标的过程。递推思想的核心原理是从已知的信息出发，通过推导和迭代，逐步获得未知的信息。这种方法常常以一个初始条件开始，然后通过一系列规则或公式不断推进，直到达到所需的状态或解。最简单的情况就是我们从 1 开始数数的过程，就是递推。

日常生活中，我们也常常无意识地运用递推思想。例如，当制订计划或者设定目标时，我们通常会根据当前的情况，逐步调整和优化计划，直到达到最终的目标。

而递归是一个完全相反的思路，我们先看三个最经典的递归案例。

第一个是文字案例，几乎所有讲述递归的课程，刚开始都会给学生举这两个例子：

从前有座山，山里有座庙，庙里有个老和尚，正在给小和尚讲故事呢！故事是什么呢？"从前有座山，山里有座庙，庙里有个老和尚，正在给小和尚讲故事呢！故事是什么呢？'从前有座山，山里有座庙，庙里有个老和尚，正在给小和尚讲故事呢！故事是什么呢……'"

一只狗来到厨房，偷走一小块面包。厨子举起勺子，把那只狗打死了。于是所有的狗都跑来了，给那只狗掘了一个坟墓，还在墓碑上刻了墓志铭，让未来的狗可以看到："一只狗来到厨房，偷走一小块面包。厨子举起勺子，把那只狗打死了。于是所有的狗都跑来了，给那只狗掘了一个坟墓，还在墓碑上刻了墓志铭，让未来的狗可以看到：'一只狗来到厨房，偷走一小块面包。厨子举起勺子，把那只狗打死了。于是所有的狗都跑来了，给那只狗掘了一个坟墓，还在墓碑上刻了墓志铭，让未来的狗可以看到……'"

这就是两个很典型的文字递归，更直观且更容易理解的还有图像上的递归，被称为德罗斯特效应（Droste effect）。德罗斯特效应描述的是一种独特的递归现象，其中一幅画的一部分与其整体具有相同的样式和结构。在拥有德罗斯特效应的图像中，你能够观察到一个微小的区域展示了与整幅画极为相似的景象。进一步地，这个小区域内部又包含了一个更小的区域，其展示的内容仍然与原图保持高度一致，这样的结构理论上可以无限重复下去。

然而，在实际应用中，由于图像分辨率的限制，这种效果无法无限制地进行下去。此外，每一级递归中的相似图像都会按照等比数列的方式逐渐减小，最终在视觉上会形成一种引人入胜的循环和无限递进的效果。这种独特的视觉现象不仅吸引了艺术家的关注，也成为图形设计和摄影领域中探索创意和表达个性的一种手段。

一张很典型的德罗斯特效应的图像

此外，很多分形图形也是使用递归生成的，比如谢尔宾斯基三角形（Sierpinski triangle）。它以波兰数学家瓦茨瓦夫·谢尔宾斯基（Wacław Franciszek Sierpinski）的名字命名，他在 20 世纪初首次描述了这个图形。谢尔宾斯基三角形的构造过程相对简单，但其结果却异常复杂和迷人。起始点是一个等边三角形，构造的第一步是将这个三角形分割成四个更小的等边三角形，然后去掉中间的三角形。接下来，对剩下的三个小三角形重复这一过程，不断迭代。随着迭代次数的增加，图形变得越来越复杂，展现出了其独特的分形性质。

谢尔宾斯基三角形

看完这些例子，对于递归读者应该已经有了一个基本的了解。简而言之，递归是一种通过将一个问题分解为更小的同类型子问题，并不断重复这个过程，直至达到基本情况的方法。而在数学与计算机科学中，递归是指在函数的定义中使用函数自身的方法。递归这个概念包含了两个重要的词语："递"（recursion）和"归"（return），正是这两个词语揭示了递归思想的精髓。

首先，"递"表示函数在解决问题时会将问题划分为更小的、相似的子问题。这些子问题与原始问题具有相同的结构，但规模更小。函数通过不断地调用自身来解决这些子问题，从而逐渐推进问题的解决过程。这种自我调用的方式使得递归函数能够以一种自然的方式处理复杂问题，无须编写大量的循环代码。

其次，"归"表示递归的过程不会一直持续下去，而是在满足某个条件时结束。这个条件被称为递归的"基本情况"或"终止条件"。当函数达到终止条件时，它会停止递归调用并返回结果，然后将这些结果一层层地"归"回到之前的调用栈中，最终得到问题的解答。所以，递归函数必须包含终止条件。终止条件是递归过程的出口，它告诉函数何时停止递归调用自身。如果没有终止条件，递归函数将无限地调用自己，最终导致栈溢出或无限循环。终止条件通常是一个简单的情况，它不再需要继续递归，而是返回一个明确的结果。

在小学时，我们都学过一个经典的数学问题，可以用递归来解决，那就是斐波那契数列（Fibonacci Sequence）。

斐波那契数列由意大利数学家斐波那契（Leonardo Fibonacci）在 1202 年通过《算盘书》引入到西方数学中。这个数列的特点是，除了第一个和第二个数外，任意一个数都可以由前两个数相加得到。当你要计算斐波那契数列的第 $n$ 项时，递推和递归可以分别用来解决这个问题。

首先是使用递推的方法：

假设你有一个任务，需要计算斐波那契数列的第 $n$ 项。斐波那契数列的规律是每个数字都是前两个数字之和，如：1, 1, 2, 3, 5, 8, 13……

通过递推的方式，你可以从已知的起始项（例如第一项和第二项）开始，然后应用递推关系（每一项等于前两项之和）来计算后续的项。以计算第五项为例：

从已知条件出发：第一项是 1，第二项是 1。

应用递推关系：第三项 = 第二项 + 第一项 = 1 + 1 = 2。

继续应用递推关系：第四项 = 第三项 + 第二项 = 2 + 1 = 3，第五项 = 第四项 + 第三项 = 3 + 2 = 5。

通过层层迭代，你逐步计算出了第五项的值为 5。这就是递推的过程，通过已知的条件和关系，逐步得到目标项的值。

而下面是使用递归的方法：

现在运用递归方法来计算斐波那契数列的第 $n$ 项。递归的思想是将问题分解为更小的子问题，并通过解决子问题来递归地解决整个问题。

假设你想计算第五项的值。你会考虑以下步骤：首先，你需要知道第四项和第三项的值。要知道第四项的值，你需要知道第三项和第二项的值，以此类推。当你知道第二项和第一项的值时，你可以开始计算第三项，然后通过计算第三项和第二项的和来得到第四项，以此类推，最终计算出第五项的值。

这就是递归的过程。你将整个问题分解为更小的子问题，逐步地解决这些子问题，直到达到已知条件（递），然后将计算结果逐步合并（归）起来，得到目标项的值。

当然，这看起来很匪夷所思，因为递推的思想显然更符合正常人的思维方式，而递归之所以出现，根本上是因为要服务于编程。在很多情况下，如果你能理解递归，那么就会写出来非常简洁的程序。

比如，如果你想编写一个计算阶乘的程序，就可以使用递归方法。阶乘的定义是：$n$ 的阶乘（$n!$）等于 $n$ 乘以（$n-1$）的阶乘。你可以写一个函数，让它调用自己来计算（$n-1$）的阶乘，然后将结果与 $n$ 相乘。这就是递归：通过将问题划分为更小的、类似的子问题来解决问题。

我们实际操作一下，假设要计算 6 的阶乘，可以获得下面这个流程：

| 步骤 | 计算 |
| --- | --- |
| 0 | f(6) |
| 1 | 6 × f(5) |
| 2 | 6 × (5 × f(4)) |
| 3 | 6 × (5 × (4 × f(3))) |
| 4 | 6 × (5 × (4 × (3 × f(2)))) |
| 5 | 6 × (5 × (4 × (3 × (2 × f(1))))) |
| 6 | 6 × (5 × (4 × (3 × (2 × 1)))) |
| 7 | 6 × (5 × (4 × (3 × 2))) |
| 8 | 6 × (5 × (4 × 6)) |
| 9 | 6 × (5 × 24) |
| 10 | 6 × 120 |
| 11 | 720 |

在这个过程里，从步骤 0 到步骤 5 这个峰谷是"递"的过程，而后面从步骤 5 到步骤 11 就是"归"的过程。这个程序比写一个循环看起来优美简洁很多，我们只需要设计一个阶乘的函数，然后调整它的输入数值就可以随时获得递归的结果。

递归的魅力在于它提供了一种简洁、直观的方式来解决一些复杂问题，如前文提到的阶乘、斐波那契数列和后文会讲到的树遍历等。然而，递归尽管适用于许多情境，但也面临一系列的问题和挑战。

首先，递归可能导致调用栈溢出。每当函数调用自身时，都会在系统的调用栈上添加一个新的帧。如果递归深度过深，如计算大数字的阶乘，可能会超过调用栈的容量，导致栈溢出错误。这可能会造成比较大的麻烦。现在你可能不理解什么是栈溢出。关于栈的知识，下一章会讲到。

最重要的问题是，递归对于初学者来说可能难以理解。尽管递归为问题提供了清晰的解决方案，但需要深入理解基本概念，如基本情况和递归情况，以及如何逐步分解问题。对于那些刚开始学习编程的人来说，递归可能会有些晦涩难懂。甚至很多有经验的程序员，自己写程序的时候也不会考虑递归的方法。

但是递归又是理解一些算法的重要介质，很多算法都是建立在递归思想上的。

讲完了递归，我们还要理解一个非常重要的概念 —— 大 O 表示法。

大 O 表示法的起源与 19 世纪的数学家有关。它的名称来自一个德国数学家保罗·巴赫曼（Paul Bachmann），他在 1894 年首次使用了 "O" 这个符号来描述函数的增长率。但是，这个表示法真正受到重视并被广泛应用，得益于另一位著名的数学家爱德蒙·兰道（Edmund Landau），他在 1909 年的作品中采用并普及了这种表示法，因此有时大 O 表示法也被称为兰道符号或 Order 符号。

由于大 O 表示法最初的应用是描述数学函数的增长率，特别是在分析无穷级数和其他复杂的数学结构时。在这个背景下，大 O 表示法为数学家提供了一种简洁的方式来比较函数的增长性质，而无须深入研究具体的数值细节。

随着计算机科学的发展，尤其是在 20 世纪中期算法研究的兴起，大 O 表示法逐渐被引入到计算机科学领域。程序员和研究人员开始使用大 O 表示法来描述和比较算法的性能。在这种情境下，它为研究人员提供了一个标准的框架，来估计算法处理大量数据时的行为。

想象一下，你是一个厨师，手头有一些食谱。每个食谱都告诉你制作一道菜需要多长时间。有些食谱简单，只需几分钟；有些则复杂，需要几个小时。现在，你想知道如果客人多了，哪些食谱会导致做饭的总时间最长。

在编程的世界里，也有很多 "食谱"，我们称它们为 "算法"。与厨师为了找到最高效的食谱一样，程序员也希望找到最快的算法。但是，怎样衡量哪个算法更 "快" 呢？这就是大 O 表示法发挥作用的地方。

简单地说，大 O 表示法就像是一个速查表，告诉我们：

当数据量增加时，算法需要多长时间。它并不告诉我们具体的时间值，而是告诉我们时间增加的"速度"。

比如，假设有一个算法，每增加一个数据，它只需要检查一次。我们可以说它的速度是"$O(n)$"，意思是它的时间和数据量成正比。如果我们有 10 个数据，它检查 10 次；如果有 100 个数据，它检查 100 次。

有时，我们遇到的算法比较复杂。想象一下，你正在组织一次派对，为每位客人都挑选礼物。但是，每多一个客人，你不仅要为新来的客人挑选礼物，还要重新为所有客人挑选礼物。如果有 10 个客人，你要挑选 100 次；如果有 100 个客人，你要挑选 10000 次！这种算法的速度是"$O(n^2)$"，意味着时间会随着数据量的平方增加。

值得注意的是，大 O 表示法关注的是最糟糕情况下的性能，也就是说，当输入达到一定大小时，算法的运行时间或空间需求将达到或超过它的大 O 分类。这就提供了一种快速评估算法性能的方法，尽管它并不总是提供完整的性能图像。

在使用大 O 表示法时，我们通常会忽略常数倍数和低阶项。这是因为随着输入值的增加，这些元素对算法性能的影响变得越来越小。例如，如果一个算法的运行时间是 $3n^2 + 5n + 7$，我们会说它是 $O(n^2)$，因为 $n^2$ 项将在大输入值时占主导地位。

有一些常见的大 O 分类，包括 $O(1)$、$O(\log n)$、$O(n)$、$O(n\log n)$、$O(n^2)$、$O(2^n)$ 和 $O(n!)$。这些分类从常数时间复杂度到阶乘时间复杂度，代表了从非常高效到极其低效的一系列算法性能。

　　好了，我们已经为之后的算法之旅做好了铺垫，可以开始正式了解算法了。

# 第三章　细致入微的园丁：排序算法

在信息的海洋中，排序算法是一位优雅的舞者，她以数列为伴，跳出了时间与空间的华尔兹。每一个步伐都是经过精心设计的，既有序又不失节奏，将混沌的元素编排成一曲和谐的序列。

想象一下秋日里轻盈的落叶，它们在空中翻飞，最终按大小、形状或颜色，缓缓落在恰当的位置。排序算法也是这样，它按一定的规则，将数据一一比较，就像是农夫筛选果实，细致入微，不放过任何不协调的存在。

在算法的舞台上，有的动作轻盈如冒泡排序，一遍遍轻轻上升，将最轻的泡沫推到水面；有的则力量十足，如快速排序，它一分为二，再二分为四，就像是一把锋利的剑，准确无误地切开混沌，直至一切有序；还有的舞步看似缓慢，却异常稳健，就像是插入排序，它拿起每个元素，找到它应有的位置，小心翼翼地插入其中。每一个动作都不容大意，都要恰到好处。

在排序的世界里，每个算法都有它的舞台和观众。它们不仅仅是程序员手中的工具，更像是诗人笔下的诗篇、舞者舞台上的舞步。它们以一种几乎是艺术的形式，将无序转化为有序，将简单转化为美丽。

计算机科学作为一门极富创新性和实用性的学科，在很大程度上聚焦于解决从混乱到有序的转变以及寻找最优路径的问题。这两个问题在计算机科学的各个领域中促生了许多深刻的应用，它们是理解和改进计算过程的基础。

排序算法是解决从混乱到有序问题的关键工具。在计算机科学中，数据通常会以非有序的方式存在，而要从中提取有用信息或进行有效处理，就需要将其组织成某种有序的结构。排序算法提供了一种系统化的方法，能够将一组数据按照特定的顺序排列起来，无论是升序、降序还是其他更复杂的顺序。

而开始前，我们要先搞明白，算法和数据结构的关系。

在编程领域有一句名言，由 Pascal 语言的发明人尼克劳斯·沃斯（Nicklaus Wirth）提出，这句话是：程序 = 数据结构 + 算法。

算法在前文已经提到过，简而言之，是一系列明确的步骤，用于处理某个特定问题或执行特定任务。无论是一个简单的计算器程序计算两个数字之和，还是一个复杂的机器学习模型预测天气，背后都有特定的算法在起作用。算法的优越性不仅仅取决于其能否为问题找到答案，更重要的是其执行的效率和准确性。而数据结构，顾名思义，是计算机中存储和组织数据的方式。这不仅仅是关于数据如何在内存中存放，更重要的是如何访问和操作这些数据。

程序实际上是这两者的结合体。数据结构提供了存储和组织数据的方式，算法定义了如何操作这些数据来完成特定的任务。没有数据结构，算法无法应用于实际数据；没有算法，数据结构仅仅是静态的数据存储。只有将它们结合起来，才能创建出能够执行复杂任务的有效程序。

此外，算法通常都需要在适合的数据结构的基础上进行。例如，排序算法（如冒泡排序、快速排序）都是在数组或链表这样的线性数据结构上执行的。当算法需要处理具有层次关系或复杂连接关系的数据时，它可能会在树或图这样的数据结构上执行。此外，数据结构的选择直接影响算法的性能。使用不恰当的数据结构可能会导致算法效率大大降低。例如，如果需要频繁检索的数据使用链表存储，那么检索效率会比使用哈希表低得多。

这段话可能让读者一头雾水，我们先来认识几个最常见的数据结构。

最常使用的是数组。

在日常生活中，我们经常需要对物品进行整齐的排列，无论是书籍、餐具还是鞋子，整齐的排列帮助我们更快地组织和检索。在计算机科学的世界里，这种整齐的排列被称为"数组"。想象一个长箱子，被细致地划分为许多小格，每个小格都有一个唯一的编号，从 0 开始逐个增加。你可以把这个箱子看作是一个数组，而每个小格就是数组的一个元素。这个编号，被称为"索引"，是我们检索数组元素的关键。

| 索引 | 0 | 1 | 2 | 3 | 4 | 5 |
|------|-----|-----|-----|-----|-----|------|
| 元素 | 52 | 26 | 46 | 38 | 25 | 156 |

**一个简单的数组**

数组的魅力在于简单和直接。通过索引，我们可以迅速找到箱子中的任何一个小格，同样地，我们也可以快速找到数组中的任何一个元素。这种基于索引的快速访问是数组的核心优势。不管数组有多大，检索速度都是恒定的，这在计算机科学中被称为"常数时间操作"。

但是，数组也有其局限性。因为数组的大小在创建时通常是固定的，所以在空间上它不如其他数据结构那么灵活。此外，数组中的元素是连续存储的，这意味着要插入或删除元素可能需要移动许多其他元素，这在大数组中可能会是一个耗时的操作。

比如在上面的例子里，删除索引 2 对应的数字 46 之后，这个数组会变为下面这种有一个空位的尴尬情况：

| 索引 | 0 | 1 | 2 | 3 | 4 | 5 |
|---|---|---|---|---|---|---|
| 元素 | 52 | 26 | | 38 | 25 | 156 |

**数组中会出现空位**

在索引 2 的位置上虽然没有数据，但是它依然占据了一个空间，如果想要消除这个空位，需要把 38 挪到索引 2 的位置，把 25 挪到索引 3 的位置，把 156 挪到索引 4 的位置，进行一系列操作。

然而，正是因为数组的这种连续性，它在某些特定的应用中展现出了惊人的性能。例如，当我们需要对数据进行顺序访问时，数组的连续存储布局意味着计算机可以预先获取即将访问的数据，这被称为"预取"，大大加速了数据的读取速度。

还有一个很少被提及，但在实际应用中非常重要的数组特性，那就是它能够很好地与硬件结合。现代计算机的内存管理和 CPU 缓存系统都是围绕连续内存区域进行优化的，而数组恰好满足了这一条件。这意味着，对于那些需要大量数值计算的应用，如科学计算和图形处理，数组通常是首选的数据结构。

和数组比较接近的数据结构：链表。

链表由一系列的"节点"组成，每一个节点都包含数据以及一个指向下一个节点的指针。就像每颗珍珠都有一个孔，用线穿过并连接到下一颗珍珠，节点之间也是通过这种"线"相互连接。这种结构的美妙之处在于它的灵活性。当你想在珍珠链中增加或删除一颗珍珠时，只需重新穿过线，调整它们的连接。同样地，链表也可以很容易地添加或删除节点。

与数组相比，链表在存储方面更为灵活。数组的大小是预先定义的，而链表则可以根据需要动态地扩展或收缩，但这种灵活性并不是没有代价的。链表的一个主要缺点是它不能像数组那样提供常数时间的随机访问能力。每次你想查找链表中的一个元素，都必须从第一个节点开始，一步步地遍历，直到找到目标元素。这是因为链表的数据并不是连续存储的，而是散布在内存的各个角落。

所以链表就可以解决我们前面介绍数组时所提出的那个问题。

此外，链表还有其他一些变种，如双向链表和循环链表，它们各自具有独特的特性和用途。双向链表中的每个节点都有两个指针，一个指向前一个节点，另一个指向后一个节点，这为双向遍历提供了便利。而循环链表则是头尾相连的，形成一个闭环。

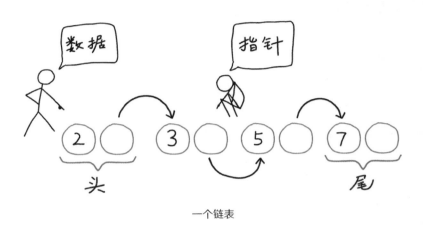

一个链表

　　栈是一个和链表类似的数据结构。

　　栈，如同我们日常生活中的一堆书或盘子，遵循一个简单而又非常有力的原则，即"后进先出"（Last In, First Out；简称 LIFO）。这意味着在你放入一个新的元素时，它会被放在顶部；而当你需要取出一个元素时，取出的总是最后放入的那一个，也就是顶部的元素。这个原则，正是栈这种数据结构所固有的魔力。

　　想象一下，你在浏览器中点击了前进和后退按钮，你会发现这两个功能的实现就依赖于栈。当你浏览一个新的网页，它会被放入一个栈中；当你点击后退按钮，最后浏览的网页就从栈顶被取出，让你返回到前一个页面。

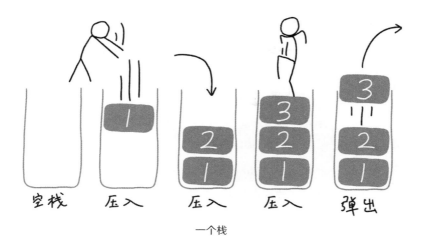

一个栈

栈提供了一些基本的操作，如压入（push）、弹出（pop）和查看栈顶元素（peek）。同时，由于栈的结构特点，它的主要操作通常都能在常数时间内完成，使它在处理需要快速响应的任务时变得尤为高效。然而，正如任何工具都有其局限性一样，栈也不例外。由于其后进先出的特性，因此它不适合那些需要随机访问或在中间插入元素的任务。

栈的大小也是有限的。操作系统为每个运行中的程序分配了一定大小的栈空间，这个大小足以处理日常操作和适度的递归，但不是无限的。当递归调用过深或者每次调用分配了大量的局部变量，栈的空间可能会被耗尽，此时就会发生堆栈溢出。我们以上一章提到过的用递归函数计算一个数字的阶乘为例，如果没有正确的退出条件，比如没有告诉函数什么时候停止调用自己，那么它会一直递归下去，每一层递归都会消耗一些栈空间，最终可能导致堆栈溢出。

树是另一个计算机科学中非常常见的数据结构。

在计算机领域里，树是一个由节点组成的结构，其中每个节点都可以有 0 个或多个子节点，而只有一个节点的被称为"根"。这种结构帮助我们表示与层级和关系有关的数据，如目录结构、语言语法或家族关系。与真实世界的树不同，计算机中的树通常是"倒挂"的，根在顶部，叶子在底部。

树的一个核心特性是它的递归性质。每一个子树本身也是一个树结构。这种递归特性使得许多操作能够通过递归算法进行，如搜索、插入和删除。因此，理解树结构的递归性质对于有效地利用树至关重要。

树的种类繁多，每一种都有其独特的属性和用途。例如，二叉树是每个节点最多只有两个子节点的树；平衡树则确保数据均匀地分布，以最小化查找、插入和删除操作的时间；而前缀树则专门用于存储关联的数据，如一个字典中的单词。

树结构的威力在于它能够将数据关联起来，使我们可以快速地定位和处理信息。在连续存储（如数组）与完全动态的数据结构（如链表）之间，它提供了一个中间的平衡点。因此，当面对需要将数据组织成层级或关系的问题时，树成为理想的解决方案。

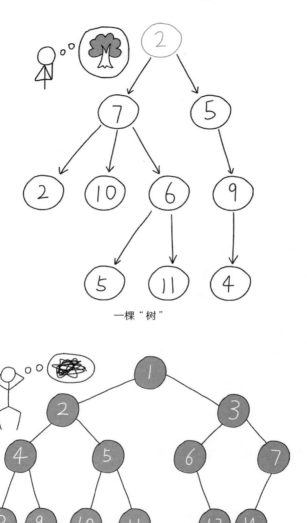

一棵"树"

一棵"二叉树"

和二叉树相关的还有堆（Heap）。

在日常语境中，"堆"给人混乱、无序的印象，但计算机领域的"堆"是一个非常有序的结构。特别是，它总是确保最大或最小的元素位于顶部，这也是为什么我们有最大堆和最小堆的分类。这种特性使堆在需要经常访问最大值或最小值的应用中变得非常有用，例如优先队列。

堆的内部结构通常采用完全二叉树来表示，这使得堆可以高效地进行插入和删除操作。当我们想要添加一个新元素时，新元素会被放置在树的最后一个位置，然后逐级上移，直到找到它应该在的合适位置；同样地，当我们想要删除最大或最小元素时，通常会移除树的根节点，然后重新整理整个树，确保其性质得以保持。

堆的高效在于其结构。完全二叉树意味着我们可以用数组来实现堆，其中每个元素都有固定的父节点和子节点，这使得移动和访问变得快速简单。这种组织方式不仅减少了内存使用，还使得堆的基本操作，如插入和删除，都可以在对数时间内完成。

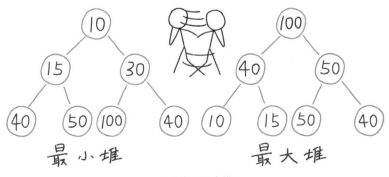

最小堆和最大堆

好了，我们在理解了这些最基础的数据结构以后，就可以开始了解排序了。

选择排序是较为常见和容易理解的排序算法。

选择排序是一种简单直观的排序算法，其基本思想是通过多次遍历整个待排序的数列，每次遍历时找到最小（或最大）的元素，然后将其放到已排序序列的末尾。具体来说，算法分为已排序和未排序两部分。初始时，已排序部分为空，未排序部分包含所有元素。在每一轮选择中，从未排序部分寻找最小元素，并与未排序部分的第一个元素交换位置。这样，最小元素就被放到了已排序部分的末尾。随着算法的进行，未排序部分逐渐减少，而已排序部分逐渐增加，当未排序部分为空时，整个数列就完成了排序。

| 步骤 | 数组状态 | 最小值 | 操作说明 |
|---|---|---|---|
| 1 | [29, 10, 14, 37, 14] | 10 | 从数组中选择最小值 10 |
| 2 | [10, 29, 14, 37, 14] | 14 | 将 10 和 29 交换，然后从剩下的元素中选择最小值 14 |
| 3 | [10, 14, 29, 37, 14] | 14 | 将 14 和 29 交换，然后从剩下的元素中选择最小值 14 |
| 4 | [10, 14, 14, 37, 29] | 29 | 将 14 和 29 交换，然后从剩下的元素中选择最小值 29 |
| 5 | [10, 14, 14, 29, 37] | 37 | 将 29 和 37 交换，数组排序完成 |

冒泡排序是一种基本的排序算法，它通过反复交换相邻的未排序元素，使得较大的元素"冒泡"到数列的末尾。整个过程从数列的开始进行到结束，这样一轮下来，最大的元素就被放到了正确的位置上。然后算法再次从数列的开始进行到倒数第二个元素，重复相同的过程，这次第二大的元素会被放到

正确的位置上。这个过程会一直重复，直到整个数列都被正确排序。它的一个主要优点是，当数列已经排序时，冒泡排序只需要一次遍历就能确认数列已经排序，所以它的最优时间复杂度是 $O(n)$。下面以数组 [5, 2, 9, 1, 5, 6] 为例进行说明：

| 步骤 | 数组状态 | 操作说明 |
|---|---|---|
| 1 | [5, 2, 9, 1, 5, 6] | 初始状态 |
| 2 | [2, 5, 9, 1, 5, 6] | 5 和 2 交换 |
| 3 | [2, 5, 1, 9, 5, 6] | 9 和 1 交换 |
| 4 | [2, 5, 1, 5, 9, 6] | 9 和 5 交换 |
| 5 | [2, 5, 1, 5, 6, 9] | 9 和 6 交换 |
| 6 | [2, 5, 1, 5, 6, 9] | 第一轮结束 |
| 7 | [2, 1, 5, 5, 6, 9] | 5 和 1 交换 |
| 8 | [2, 1, 5, 5, 6, 9] | 第二轮结束 |
| 9 | [1, 2, 5, 5, 6, 9] | 2 和 1 交换 |
| 10 | [1, 2, 5, 5, 6, 9] | 第三轮结束，确定数组已经按照从小到大排列 |

插入排序是另一种常见的排序算法，它模拟了人们对扑克牌排序的过程。算法的核心思想是将待排序的序列分为两部分，一部分是已排序的，另一部分是未排序的。初始时，已排序部分只包含序列的第一个元素，未排序部分包含其余的元素。在每一步排序过程中，算法从未排序部分取出第一个元素，将它插入到已排序部分的适当位置上，使得插入后的已排序部分仍然保持有序。这个过程重复进行，直到所有的元素都被插入到已排序部分，从而完成整个序列的排序。

| 步骤 | 数组状态 | 操作说明 |
|------|----------|----------|
| 1 | [4, 3, 6, 2, 1, 5] | 初始状态 |
| 2 | [3, 4, 6, 2, 1, 5] | 将 3 插入到合适的位置，与 4 交换 |
| 3 | [3, 4, 6, 2, 1, 5] | 6 已在正确的位置，不需要操作 |
| 4 | [2, 3, 4, 6, 1, 5] | 将 2 插入到合适的位置，依次与 6, 4, 3 交换 |
| 5 | [1, 2, 3, 4, 6, 5] | 将 1 插入到合适的位置，依次与 6, 4, 3, 2 交换 |
| 6 | [1, 2, 3, 4, 5, 6] | 将 5 插入到合适的位置，与 6 交换 |
| 7 | [1, 2, 3, 4, 5, 6] | 排序完成 |

此外常见的排序算法还有希尔排序和堆排序等，有兴趣的读者可以自行学习，下面是常见排序算法的时间复杂度和实际开发时使用的数据结构：

| 排序名称 | 选择排序 | 冒泡排序 | 插入排序 | 希尔排序 | 堆排序 |
|----------|----------|----------|----------|----------|--------|
| 数据结构 | 数组 | 数组、链表 | 数组、链表 | 数组 | 数组 |
| 时间复杂度 | $O(n^2)$ | $O(n^2)$ | $O(n^2)$ | $O(n\log^2 n)$ | $O(n\log n)$ |

绝大多数的排序算法我们无法明确是谁先开始使用的，因为它们太过于常规了，而在计算机领域有另外一种使用极为广泛并且效率极高的算法，是能找到明确的发明者的，这个算法就是快速排序，来自托尼·霍尔（Tony Hoare）。

托尼·霍尔的父亲担任英属锡兰的公务员，为国家贡献了自己的一生。而他的母亲则是一位茶园主人的女儿，与这片风景如画的土地紧密相连。托尼·霍尔于可伦坡的一个阳光明媚的日子里降生，而后在英国本土接受了教育。

1956 年，他踏入了牛津大学墨顿学院的校园，开启了他在西洋古典学领域的求学旅程。在这里，他沉浸在古代文化和知识的海洋中，汲取着古代智慧的精髓。在大学求学期间，他深入研究了西方古典学，为自己的知识储备打下了坚实的基础。

大学毕业后，托尼·霍尔进入英国皇家海军服役，度过了18 个月的军旅生涯。在这段时间里，他不仅展现出优秀的军事素养，还专注于学习俄语，为自己后来的事业奠定了语言基础。1958 年，他结束了海军生涯，回到牛津大学，继续深造。这次，他将目光转向了统计学领域，并成功获得了学士后学位。正是在这期间，他初次涉足了程序设计的领域，开始研究计算机科学。为了更深入地学习俄语，托尼·霍尔以英国文化协会的交换学生身份前往苏联莫斯科国立大学留学。这期间他的导师是知名数学家安德雷·尼古拉耶维奇·柯尔莫哥洛夫（Andrey Nikolaevich Kolmogorov），近代概率论的公理化建设就是从他开始的。

1960 年，毕业后的托尼·霍尔已经是英国计算机制造公司Elliott Automation 的一名员工。在这个时期，他面临着一个重要的任务，即在一台全新型号的计算机上设计一种高效的排序算法。这个任务并非易事，因为当时计算资源非常有限，开发一种能够在有限资源下高效运行的排序算法变得尤为关键。

对于那个时代的计算机而言，计算资源的稀缺是一个现实的挑战。内存、处理器速度等方面的限制使得算法的设计必须非常精细，以充分发挥计算机的性能。在这种背景下，托尼·霍尔不得不在资源有限的情况下寻找创新的方式来解决排序问题。他需要将已有的排序算法进行优化，或者创造一种新的算法。

托尼·霍尔开始思考如何找到一种能够迅速排序一组数据的方法。他的灵感源自分治策略，即将问题分解成更小的子问题来逐一解决。正是在这个背景下，他提出了一种分而治之的思想，将数据集分成两个部分，然后针对这两个部分分别进行排序，最终将它们巧妙地合并起来。

托尼·霍尔的创新关键在于他选择了一个基准元素，用它来将数据集分成两个子数组：一个小于基准的子数组，一个大于基准的子数组。接着，他采用递归的方式，分别对这两个子数组进行排序。这个基准元素的选择和分割策略成为快速排序算法的核心思想。

尽管最初的版本可能存在一些问题，但在 1962 年，托尼·霍尔发表了一篇名为《快速排序》的论文，详细地介绍了这一创新性的算法。随着时间的推移，快速排序逐渐被学术界和工程领域所接受，并开始得到广泛的应用。其卓越的高效性使其迅速成为排序领域中的一颗璀璨明星，对计算机科学的发展产生了深远的影响。

但讲解快速排序之前，我还是要讲解另一个概念——分治法。

分治法是一种解决问题的算法思想，它将一个大问题分解为若干个相同或类似的子问题，然后将子问题的解合并起来以得到原问题的解。分治法的核心思想是将问题分解为更小、更易解决的子问题，然后将子问题的解整合为原问题的解。

分治法通常包括以下三个步骤：

1. 分解：将原问题分解为若干个子问题，这些子问题与原问题具有相同的结构，但规模更小。分解的目标是将问题简化，使子问题更易于解决。

2. 解决：逐个解决子问题。如果子问题的规模足够小，可以直接求解。否则，可以递归地继续分解子问题，直到问题规模足够小以便求解。

3. 合并：将子问题的解合并为原问题的解。这个步骤是分治法的关键，它将各个子问题的解组合起来，得到整个问题的解。

一个生活中的分治法的例子是烹饪一道复杂的菜肴。考虑你想要制作一道精致的三明治，其中包含多种配料，如面包、蔬菜和酱料。这个过程可以通过分治法来解决。

1. 分解：首先，你可以将整个制作过程分解为若干个子任务。比如，切蔬菜、准备酱料、烤面包等。

2. 解决：接下来，你可以逐个解决这些子任务。你可以将每个子任务视为一个相对独立的小问题。例如，你可以专注于切蔬菜，将每种蔬菜都切成所需的大小和形状。

3. 合并：最后，你将解决过的子任务合并为最终的三明治。你将切好的蔬菜、制作好的酱料和烤好的面包片组合在一起，完成整个三明治的制作。

在这个例子中，分解步骤是将整个制作过程划分为切蔬菜、制作酱料、烤面包等子任务。解决步骤是针对每个子任务进行具体操作，如专注于切蔬菜。最后，合并步骤是将所有子任务的结果合并为一个完整的三明治。

分治法的优势在于它能够将复杂的问题分解为更小的子问题，通过递归求解子问题，最终得到原问题的解。但分治法的效率在很大程度上取决于分解和合并阶段的复杂性。如果这两个阶段的复杂性相对较低，那么分治法可以显著提高问题的解决效率。然而，如果分解或合并阶段过于复杂，那么分治法的优势就会减小，甚至可能不如直接解决原问题。

快速排序是一个使用分治法的排序算法，它将一个大问题分解为若干个小问题来解决。

想象一下你有一堆数字，需要将它们从小到大排列。

首先，你需要选一个数字作为基准，这个数字可以是序列中的任何一个，我们为了方便通常会选择第一个或者最后一个。选定基准后，接下来的任务就是将其他所有的数字分成两部分，一部分全是小于基准的数字，另一部分全是大于基准的数字。

这个分割的过程听起来可能比较复杂，但实际操作起来非常简单。我们设两个指针，一个从序列的左端开始，一个从右端开始，让它们往中间移动。左指针遇到比基准大的数字就停下，右指针遇到比基准小的数字也停下，然后交换这两个数字的位置。这样，就能确保最终左指针左边的数字都比基准小，右边的都比基准大。

接下来，我们已经将原来的大问题变成了两个小问题：如何对左边的数字进行排序，以及如何对右边的数字进行排序。幸运的是，这两个问题和最开始的问题是一模一样的，只是规模变小了而已。我们可以用同样的方法，选一个基准，分两边，再分两边，一直这样下去，直到最后每个小问题都变得非常简单，简单到只剩下一个数字或者没有数字，那就意味着排序完成了。

这个过程听起来像是在不断重复，实际上我们是在做递归，也就是函数调用自身的操作。每一次递归调用都会让问题变得更小，更容易解决，直到最后变得非常简单，答案自然就呼之欲出了。

快速排序的效率非常高，尤其是在处理大量数据时，它的速度几乎是其他排序方法的数倍。而且，它的空间效率也很高，快速排序的一个重要特点是它是原地排序，也就是说，除了函数调用所消耗的栈空间，快速排序只需要一个常量量级的存储空间。

下面是一个使用快速排序数组 [3, 6, 8, 10, 1, 2, 1] 的例子：

| 步骤 | 数组状态 | 说明 |
|---|---|---|
| 初始 | [3, 6, 8, 10, 1, 2, **1**] | 基准是 1 |
| 1 | [1, 6, 8, 10, 1, 2, **3**] | 交换 3 和 1，左指针移到 6 |
| 2 | [1, 6, 8, 10, 1, 2, **3**] | 右指针移到 2 |
| 3 | [1, 2, 8, 10, 1, **6**, 3] | 交换 6 和 2，左指针移到 8 |
| 4 | [1, 2, 1, 10, **8**, 6, 3] | 交换 8 和 1，左右指针相遇，结束本轮 |
| 5 | [1, 2, 1, **3**, 8, 6, 10] | 将基准 3 和 10 交换 |
| 结果 | [1, 2, 1, **3**, 8, 6, 10] | 已完成本轮排序 |

接下来，我们对左边的子数组 [1, 2, 1] 和右边的子数组 [8, 6] 分别进行快速排序。

| 步骤 | 数组状态 | 说明 |
|------|---------|------|
| 初始 | [1, 2, **1**] | 基准是 1 |
| 1 | [1, **2**, 1] | 由于左边的 1 小于基准，左指针移动到 2 |
| 2 | [**1**, 1, 2] | 交换 2 和 1，左右指针相遇，结束本轮 |
| 3 | [1, 1, 2] | 将基准 1 和最左边的 1 交换 |
| 结果 | [1, 1, 2] | 已完成本轮排序 |

| 步骤 | 数组状态 | 说明 |
|------|---------|------|
| 初始 | [8, **6**] | 基准是 6 |
| 1 | [**8**, 6] | 由于 8 大于基准，左指针停在 8 |
| 2 | [**6**, 8] | 交换 8 和 6，左右指针相遇，结束本轮 |
| 结果 | [6, 8] | 已完成本轮排序 |

通过上述步骤，我们完成了对两个子数组的快速排序。把两个子数组合并起来看，最终数组就是 [1, 1, 2, 3, 6, 8, 10]，已经完成了排序。

快速排序的效率在很大程度上取决于基准元素的选择。在最好的情况下，每次分区都将数组均匀分成两部分，这使得快速排序的时间复杂度达到 $O(n\log n)$。然而，在最坏的情况下，如果每次选择的基准元素都是最大或最小的，那么快速排序会退化成冒泡排序，时间复杂度为 $O(n^2)$。尽管如此，通过一些优化策略，如随机选择基准元素或者采用三数取中法，可以有效避免这种最坏情况的发生。

快速排序在实际应用中非常广泛，许多编程语言的标准库都提供了快速排序的实现。虽然存在其他时间复杂度为 $O(n\log n)$ 的排序算法，如归并排序和堆排序，但由于快速排序具有较小的常数因子，因此在实际应用中它往往比其他算法更快。

1980 年，托尼·霍尔因其在计算机科学领域的卓越贡献获得了图灵奖，这是计算机领域中最高荣誉之一，也是对他杰出成就的极高认可。在 1982 年，他受选为英国皇家学会的院士。2000 年，托尼·霍尔因他在计算机科学与教育方面的杰出贡献，被授予英国王室颁赠的爵士头衔，从而成为托尼·霍尔爵士。

这一系列的荣誉和奖项使托尼·霍尔成为有史以来影响力最大的计算机科学家之一。他的贡献不仅在学术界得到认可，更在实际应用中产生了深远的影响。他的创新思想和杰出成就在计算机领域和相关领域都留下了深刻的印记，为整个科技领域作出了宝贵贡献。

# 第四章 广阔棋盘的博弈：动态规划

在解决问题的广阔棋盘上，动态规划是一位精明的策略家，其步步为营，将复杂的战局分解为一连串简明的子局面。它不急于一时，不冲于一点，而是从容布局，以局部的胜利积累成全局的成功。想象一下大山的层叠，每一层山脉都是之前高度的延伸和超越，动态规划便是如此。它在解决问题的过程中创建了一层层的决策台阶，每一层台阶都站在前一层的基础之上，每一步都是对前一步的提升和完善。

这是一种前瞻性的计算，每一次决策都包含着对未来的预见。就像园丁修剪树枝，不仅仅是为了当下的整齐，更是为了来年的繁花。动态规划以同样的智慧，剪除了那些不必要的分支，优化了那些能够开出结果之花的路径。

在动态规划的世界里，有一种优雅叫作子问题的重叠。它巧妙地将相似的问题只解决一次，然后将答案储存起来，当再次遇到时，便能从容取出，无须再次苦思冥想。这种经济学中的"边际效益"，在算法中体现得淋漓尽致。

动态规划之美，在于它不断寻找最优子结构的过程。它就像是一位诗人，在字里行间寻找最精确的押韵；就像是一位画家，在色彩斑斓中寻找最和谐的对比。在这个过程中，它找到了问题的本质，触摸了答案的脉络。

动态规划的故事要从一门学科讲起 ——运筹学。

运筹学，这门在 20 世纪三四十年代迅速崭露头角的交叉学科，旨在研究人类如何在有限资源的条件下做出最优决策和策划。它的核心任务是在各种约束条件下，最大限度地满足特定目标，实现资源的最佳分配和利用。这种学科的名称源于英文 "operations research"，可以直译为"运筹帷幄"，形象地描述了其探讨的问题范围。

运筹学的应用领域广泛且多样，几乎渗透到了各个行业。举个例子，我们日常生活中使用的导航软件，寻找从一个地方到另一个地方的最短路径就是一个经典的运筹学问题。这个问题涉及如何有效地规划路线，以节省时间和资源。通过精准的算法和数学建模，导航软件可以帮助我们在城市的道路网络中找到最佳路径，以减少交通拥堵的影响。

然而，运筹学不仅应用于路径规划，还可以应用于生产和供应链管理，有助于优化生产计划、库存管理、物流和分销，从而提高生产效率并降低成本。在金融领域，运筹学可以帮助金融机构管理风险、优化投资组合和制定资产定价策略。在医疗领域，它可以用来分配病床、规划手术时间表，以满足患者的需求并提高医疗资源的利用效率。此外，运筹学还在能源管理、环境保护、军事战略规划等众多领域中发挥着重要作用。

为了解决这些复杂的问题，运筹学借助数学建模、统计学和计算机科学等多学科知识，构建模型并开发优化算法。通过动态规划、线性规划、整数规划等方法，运筹学可以帮助组织和企业更好地管理资源，提高效率，减少成本，最终实现更好的经济和社会效益。这使得运筹学成为当代决策制定和问题解决中的不可或缺的工具。

动态规划是运筹学中最经典的算法，同样也是计算机科学专业学生必学的算法。

动态规划算法最早是由数学家理查德·贝尔曼（Richard E. Bellman）在 20 世纪 50 年代提出的。

贝尔曼出生于 1920 年，成长在一个普通的美国家庭。从小，他就展现出对数学和科学的浓厚兴趣。尽管家境并不富裕，但他的父母非常支持他的学术追求，并鼓励他努力学习。这种家庭环境为他后来的成功打下了坚实的基础。

在完成了初等和中等教育后，贝尔曼进入了布鲁克林学院学习数学。他的聪明才智很快就引起了教授们的注意，他们发现贝尔曼在解决数学问题上有着非凡的能力。在这个阶段，他开始接触到运筹学。这是一门应用数学的分支，致力于寻找最优的决策和资源分配方案。

贝尔曼的学术生涯进展迅速，他很快就从布鲁克林学院毕业，并获得了普林斯顿大学的奖学金，继续在那里攻读博士学位，并在 1946 年获得了普林斯顿大学的博士学位。

贝尔曼在研究运筹学时，面临一类名为"多段决策问题"的挑战。这些问题涉及在一系列决策中做出最优选择，每个决策都会影响未来的结果。例如，在投资问题中，你需要在不同时间点做出投资决策，每个决策都会影响未来的资金流。贝尔曼意识到，通过将复杂的问题分解成一系列阶段性问题，每个阶段做出一个局部的最优决策，然后结合所有阶段的决策，就可以找到全局的最优解。于是在这个基础上，贝尔曼发明了动态规划算法。

本质上，**动态规划是用递归的方法，把大问题拆分成小问题，并且存储中间的部分结果来提高效率。**

还记得在"递归"那一章提到的斐波那契数列问题吗？如果使用正常的方法，我们要怎么计算？

假设我们要计算斐波那契数列的第五项，写作 F(5)。那么流程如下：

| 步骤 | 流程 |
|------|------|
| 1 | 计算 F(5) |
| 2 | 要计算 F(5)，需要计算 F(4) 和 F(3) |
| 3 | 要计算 F(4)，需要计算 F(3) 和 F(2) |
| 4 | 要计算 F(3)，需要计算 F(2) 和 F(1) |
| 5 | 要计算 F(2)，需要计算 F(1) 和 F(0) |
| 6 | 此时，F(1) 和 F(0) 可以直接得到结果，分别是 1 和 0 |
| 7 | 回到步骤 5，F(2) 计算完成，结果是 1 |
| 8 | 回到步骤 4，F(3) 计算完成，结果是 2 |
| 9 | 回到步骤 3，F(4) 计算完成，结果是 3 |
| 10 | 回到步骤 2，F(5) 计算完成，结果是 5 |

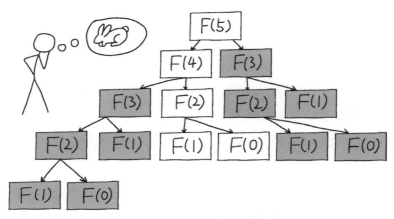

斐波那契数列计算的图例，注意深色部分是重复计算的

注意，在这个过程中，F(3) 和 F(2) 被重复计算了两次，并且它们的后续计算也是重复的，这导致了不必要的计算工作。那可以想到，最简单的办法就是把 F(3) 和 F(2) 的结果储存起来。是的，这就是动态规划。

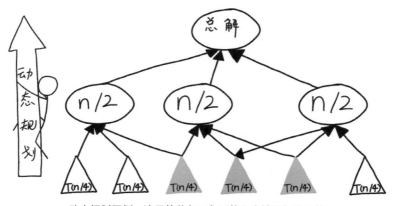

动态规划图例，这里的蓝色三角形就是会被重复使用的

动态规划里最主要的两个概念是最优子结构和重叠子问题。

最优子结构是动态规划算法中一个极其重要的概念，它描述的是一种特殊的问题结构：**一个问题的最优解可以通过其子问题的最优解直接构造得到**。这意味着，为了解决一个复杂问题，我们可以将其分解成一系列更小、更容易管理的子问题，然后将这些子问题的解组合起来，形成原问题的解。这种性质使我们能够采用分而治之的策略，逐步解决问题，从而极大地提高了算法的效率。

举个例子，找到两个城市间的最短路径的问题。这个问题可以分解为找到一系列经过中间城市的更短路径的问题。每找到一条最短路径，就能为解决更大的问题提供必要的信息。如果我们已经知道了从城市 A 到城市 B 的最短路径，那么这个信息可以直接用来帮助计算从城市 A 到城市 C 的最短路径（假设从 B 到 C 的最短路径是已知的）。这就是最优子结构的一个实例：一个问题的解可以由其子问题的解直接构造而成。

利用最优子结构解决问题时，动态规划算法通常从最小的子问题开始，逐渐解决更大的问题，直到解决最终的问题为止。在这个过程中，每个子问题只被解决一次，其解会被保存下来，供后续使用。这样就避免了重复解决相同问题的情况，极大地提高了算法的效率。

最优子结构的存在也意味着，我们在解决子问题时，可以依赖之前已经求解的子问题的解。这是动态规划能够成功应用的关键，它确保了通过组合子问题的最优解，构造出原问题的最优解。

重叠子问题是动态规划中的另一个关键概念，它描述了一种情况：在解决一个问题的过程中，同一子问题被多次遇到并需要多次解决。这种情况在许多优化问题中都非常常见，而动态规划正是利用了这一点来提高算法效率。

在没有优化的递归解法中，重叠子问题会导致大量的重复计算，因为每次遇到相同的子问题时，算法都会从头开始解决，而忽略了之前已经计算过的结果。这不仅浪费了计算资源，还极大地降低了算法的效率。

动态规划通过存储已经解决的子问题的解来解决这个问题。每当算法遇到一个子问题，它首先检查这个子问题的解是否已经被计算过并存储在某个数据结构中。如果是，算法就直接使用存储的结果，而不是重新计算。如果没有，算法就解决这个子问题，并将结果存储起来，以便将来使用。

这种方法不仅避免了重复计算，还使每个子问题只需解决一次，无论它在解决原问题的过程中遇到多少次。这极大提高了算法的效率，特别是在处理具有大量重叠子问题的问题时。

例如，前文已经提到的，在计算斐波那契数列的第 $n$ 项时，传统的递归方法会多次计算斐波那契数列的相同项。动态规划通过存储已经计算过的斐波那契数列的项，避免了这种重复计算，从而显著提高了算法的效率。

动态规划在解决一类特定问题时非常好用，但我们要先从另外一个算法 —— 贪心算法讲起。

贪心算法的历史起源可以追溯到早期计算机科学的发展，当时人们面临的计算资源十分有限。为了解决复杂的问题，研究者们需要找到一种快速、简单又能够得到满意答案的方法。在这种背景下，贪心策略成为一种自然而然的选择。所以贪心算法本质上是一种直觉性的算法，在某些情况下非常好用。比如，本书后面会讲到的霍夫曼编码，就是使用了贪心算法。

贪心算法理解起来非常容易。

假设你身上带了足够的 1、5、10、20、50、100 元面值的钞票。现在你的目标是凑出 666 这个金额，需要用到尽量少的钞票数量。依据生活经验，我们显然可以采取这样的策略：能用 100 元就尽量用 100 元，否则尽量用 50 元的……依次类推。在这种策略下，$666 = 6 \times 100 + 1 \times 50 + 1 \times 10 + 1 \times 5 + 1 \times 1$，共使用了 10 张钞票。这种策略被称为"贪心"。

但是贪心并不是在所有场景下都是好用的。比如，有一个奇怪的国家，它的货币有 1、60、100 三种，你要凑到 120 这个金额。假设按照贪心的逻辑，你最终会拿一张 100 元和 20 张 1 元，而事实上，最好的方案是拿 2 张 60 元。

根本原因是，贪心是一种鼠目寸光的算法，并不具有宏观思维。

如果使用动态规划算法来处理这个问题，会得到不一样的结果：

首先，我们创建一个数组来保存每个金额所需的最少钞票数量。这个数组的长度是目标金额 +1，即 121（因为我们要凑到 120）。数组的第一个元素（代表 0 元）被设置为 0，因为凑到 0 元需要 0 张钞票。其他所有元素都被设置为一个很大的数字，表示一开始我们认为凑到这些金额是不可能的。

其次，我们从 1 元开始，一直计算到 120 元。对于每个金额，我们都尝试使用所有可能的钞票（1 元，60 元，100 元）来凑。举个例子，当我们计算凑到 1 元时，尝试使用 1 张 1 元的钞票，看看能否凑到。显然，这是可行的，所以我们更新数组，将凑到 1 元所需的最少钞票数量设置为 1。同样，当我们计算凑到 2 元时，尝试使用 1 张 1 元的钞票和之前计算出的凑到 1 元的结果。我们发现使用 2 张 1 元的钞票可以凑到 2 元，所以更新数组，将凑到 2 元所需的最少钞票数量设置为 2。这个过程一直持续下去，直到计算到 120 元。在计算每个金额时，我们都会尝试使用所有可能的钞票，并比较哪种方式能够用最少的钞票数量凑到目标金额。我们保存最好的结果，即最少钞票数量。

经过上面的步骤，数组中保存了凑到从 1 元到 120 元所需的最少钞票数量。最终，数组的第 120 个元素就是我们要找的答案，即凑到 120 元所需的最少钞票数量。

通过这种方法，我们确保了在凑到每个金额时都考虑了所有可能出现的情况，并保存了最优的结果。这种方法避免了贪心策略可能产生的局部最优解，确保了我们找到全局最优解。在这个具体的例子中，我们最终会发现凑到 120 元最少需要 2 张钞票——2 张 60 元的钞票。

下面的表格是整个动态规划算法的计算流程：

| 金额 | 钞票 | 最少钞票数量 | 计算过程 |
|---|---|---|---|
| 0 | 0 | 0 | *初始化* |
| 1 | 1 元 ×1 | 1 | dp[1] = min(dp[1], dp[0] + 1) = 1 |
| 2 | 1 元 ×2 | 2 | dp[2] = min(dp[2], dp[1] + 1) = 2 |
| 3 | 1 元 ×3 | 3 | dp[3] = min(dp[3], dp[2] + 1) = 3 |
| …… | …… | …… | …… |
| 59 | 1 元 ×59 | 59 | dp[59] = min(dp[59], dp[58] + 1) = 59 |
| 60 | 60 元 ×1 | 1 | dp[60] = min(dp[60], dp[0] + 1) = 1 |
| 61 | 60 元 ×1 + 1 元 ×1 | 2 | dp[61] = min(dp[61], dp[60] + 1) = 2 |
| 62 | 60 元 ×1 + 1 元 ×2 | 3 | dp[62] = min(dp[62], dp[61] + 1) = 3 |
| …… | …… | …… | …… |
| 119 | 100 元 ×1 + 1 元 ×19 | 20 | dp[119] = min(dp[119], dp[118] + 1) = 2 |
| 120 | 60 元 ×2 | 2 | dp[120] = min(dp[120], dp[60] + 1) = 2 |

在这个表格中，每一行代表计算到达目标金额所需要的最少钞票数量。"金额"列显示的是目标金额，"钞票"列显示的是正在考虑使用的钞票面额，"最少钞票数量"列显示了凑到目标金额所需的最少钞票数量，"计算过程"列展示了最少钞票数量的计算过程，该列的方程被称为状态转移方程。

在动态规划里，有一类标准化的问题叫作 0/1 背包问题。

这个问题的本质是在给定一组物品和一个固定容量的背包的情况下，如何选择放入背包的物品，使得这些物品的总价值最大化。每个物品都有自己独特的重量和价值，背包的容量是有限的，所以选择哪些物品放入背包成了一个关键问题。注意，0/1 背包问题的特点是每个物品有且只有一个，所以只能使用一次。

0/1 背包问题图例

这个问题的特点在于其离散性和最优子结构。离散性体现在对每个物品的选择上，我们不能选择物品的一部分，要么全部选中，要么完全不选，这就是为什么这个问题被称为 0/1 背包问题。最优子结构意味着问题的最优解包含了其子问题的最优解。这为我们提供了一种自下向上解决问题的方法，即从最简单的子问题开始，逐步求解更复杂的子问题，直到问题被完全解决。

动态规划作为一种解决最优化问题的方法，非常适用于解决 0/1 背包问题。我们通过构建一个二维数组来存储问题的中间结果。数组中的每个元素代表一个子问题的解，其中包含了所有之前做出的选择和当前的状态。我们从最小的子问题开始,逐步计算出更大子问题的解,直到得到整个问题的最优解。

这个过程中的重点是理解状态转移方程,它描述了从一个状态到另一个状态的转换规则。对于 0/1 背包问题,状态转移方程表达了一个简单的事实:对于每个物品,我们都有两个选择,要么放入背包,要么不放。我们如果选择放入背包,那么就要在背包的剩余容量中找到最优解,并加上当前物品的价值。我们如果选择不放,那么就要在原来的背包容量中找到最优解。我们选择这两个选项中价值更大的一个。

假设你有一个容量为 5 千克的背包和以下三件物品:

1. 物品 A:重量 1,价值 15。
2. 物品 B:重量 3,价值 20。
3. 物品 C:重量 4,价值 30。

目标是将一些物品放入背包,使得背包内物品的总价值最大,但总重量不能超过背包的容量。从一个小的背包容量开始,我们假设其为 4。

用一个二维数组 dp[$i$][$j$] 表示前 $i$ 个物品放入一个容量为 $j$ 的背包可以获得的最大价值。首先将 dp 数组全部初始化为 0。因为如果没有物品或者背包容量为 0,那么能够获得的最大价值自然为 0。

| 容量(千克) | | 0 | 1 | 2 | 3 | 4 |
|---|---|---|---|---|---|---|
| 物品 | 0(无物品) | 0 | 0 | 0 | 0 | 0 |

我们假设 $i=1$ 时，也就是考虑物品 A、重量 1、价值 15 加入的情况下，会有以下状态：

1. 当背包容量为 0 时，装不下任何物品，最大价值为 0。

2. 当背包容量为 1 时，可以装下物品 A，最大价值更新为 15。

3. 当背包容量为 2、3、4 时，也可以装下物品 A，最大价值同样更新为 15。

可以获得下面这个表格：

| 容量（千克） | | 0 | 1 | 2 | 3 | 4 |
|---|---|---|---|---|---|---|
| 物品 | 0（无物品） | 0 | 0 | 0 | 0 | 0 |
| | 1（重1，价15） | 0 | 15 | 15 | 15 | 15 |

我们假设 $i=2$ 时，也就是考虑物品 B、重量 3、价值 20 加入的情况下，会有以下状态：

1. 当背包容量为 0、1、2 时，容量不足以装下物品 B，最大价值保持不变，继承自上一种情况的数据。

2. 当背包容量为 3 时，可以选择装下物品 B（价值 20）或者不装（价值 15）。选择价值更高的，最大价值更新为 20。

3. 当背包容量为 4 时，可以选择装下物品 B（价值 20）或者同时装下物品 A 和 B（价值 35）。选择价值更高的，最大价值更新为 35。

可以获得下面这个表格：

| 容量（千克） | | 0 | 1 | 2 | 3 | 4 |
|---|---|---|---|---|---|---|
| 物品 | 0（无物品） | 0 | 0 | 0 | 0 | 0 |
| | 1（重1，价15） | 0 | 15 | 15 | 15 | 15 |
| | 2（重3，价20） | 0 | 15 | 15 | 20 | 35 |

我们假设 $i$=3 时，也就是考虑物品 C、重量 4、价值 30 加入的情况下，会有以下状态：

1. 当背包容量为 0、1、2、3 时，容量不足以装下物品 C，最大价值保持不变，继承自上一种情况的数据。

2. 当背包容量为 4 时，可以选择装下物品 C（价值 30）或者不装（价值 35，继承自上一种情况的数据），选择价值更高的，最大价值保持为 35。

可以获得下面这个表格：

| 容量（千克） | | 0 | 1 | 2 | 3 | 4 |
|---|---|---|---|---|---|---|
| 物品 | 0（无物品） | 0 | 0 | 0 | 0 | 0 |
| | 1（重1, 价15） | 0 | 15 | 15 | 15 | 15 |
| | 2（重3, 价20） | 0 | 15 | 15 | 20 | 35 |
| | 3（重4, 价30） | 0 | 15 | 15 | 20 | 35 |

最终结果是 dp[3][4] = 35，意味着当背包容量为 4 时，可获得的最大价值为 35。这个价值来自物品 A 和物品 B 的组合。这整个过程展示了动态规划在解决 0/1 背包问题时的逐步决策和状态转移。

我们再举一个更复杂的例子 —— 完全背包问题。

完全背包问题是背包问题的一个变种，在这个问题中，每种物品都有无限件可用。这意味着你可以选择任意数量的每种物品放入背包中，目标仍然是在不超过背包容量的前提下，使得背包中的物品总价值最大。

给定物品以及它们的重量和价值还是和前面的内容相同：

1. 物品 A：重量 1，价值 15。

2. 物品 B: 重量 3, 价值 20。

3. 物品 C: 重量 4, 价值 30。

背包容量也依然为 4。

我们用一个二维数组 dp[$i$][$j$] 来表示前 $i$ 个物品放入一个容量为 $j$ 的背包可以获得的最大价值。首先, 将 dp 数组初始化为 0。

因为如果没有物品或者背包容量为 0, 那么能够获得的最大价值自然为 0。

| | 容量(千克) | 0 | 1 | 2 | 3 | 4 |
|---|---|---|---|---|---|---|
| 物品 | 0(无物品) | 0 | 0 | 0 | 0 | 0 |

我们假设 $i$=1 时, 也就是考虑物品 A、重量 1、价值 15 加入的情况下, 会有以下状态:

1. 当背包容量为 0 时, 装不下任何物品, 所以价值为 0。

2. 当背包容量为 1 时, 可以放入 1 个物品 A, 价值为 15。

3. 当背包容量为 2 时, 可以放入 2 个物品 A, 价值为 30。

4. 当背包容量为 3 时, 可以放入 3 个物品 A, 价值为 45。

5. 当背包容量为 4 时, 可以放入 4 个物品 A, 价值为 60。

可以获得下面这个表格:

| | 容量(千克) | 0 | 1 | 2 | 3 | 4 |
|---|---|---|---|---|---|---|
| 物品 | 0(无物品) | 0 | 0 | 0 | 0 | 0 |
| | 1(重1, 价15) | 0 | 15 | 30 | 45 | 60 |

我们假设 $i$=2 时, 也就是考虑物品 B、重量 3、价值 20 加入的情况下, 会有以下状态:

1. 当背包容量为 0 时，不能放任何物品，价值为 0。

2. 当背包容量为 1 时，最大价值继承自上一个表格，为 15。

3. 当背包容量为 2 时，最大价值继承自上一个表格，为 30。

4. 当背包容量为 3 时，可以放 1 个物品 B（价值 20），或者 3 个物品 A（价值 45）。选择价值更高的，最大价值更新为 45。

5. 当背包容量为 4 时，可以放 1 个物品 B 和 1 个物品 A（价值 45），或者 4 个物品 A（价值 60）。选择价值更高的，最大价值更新为 60。

可以获得下面这个表格：

| 容量（千克） | | 0 | 1 | 2 | 3 | 4 |
|---|---|---|---|---|---|---|
| 物品 | 0（无物品） | 0 | 0 | 0 | 0 | 0 |
| | 1（重1，价15） | 0 | 15 | 30 | 45 | 60 |
| | 2（重3，价20） | 0 | 15 | 30 | 45 | 60 |

我们假设 $i=3$ 时，也就是考虑物品 C、重量 4、价值 30 加入的情况下，会有以下状态：

1. 当背包容量为 0 时，不能放任何物品，价值为 0。

2. 当背包容量为 1 时，最大价值继承自上一个表格，为 15。

3. 当背包容量为 2 时，最大价值继承自上一个表格，为 30。

4. 当背包容量为 3 时，最大价值继承自上一个表格，为 45。

5. 当背包容量为 4 时，可以放 1 个物品 C，或者按照上一种情况的最优方案。选择价值更高的，为 60。

可以获得下面这个表格：

| 容量（千克） | | 0 | 1 | 2 | 3 | 4 |
|---|---|---|---|---|---|---|
| 物品 | 0（无物品） | 0 | 0 | 0 | 0 | 0 |
| | 1（重1，价15） | 0 | 15 | 30 | 45 | 60 |
| | 2（重3，价20） | 0 | 15 | 30 | 45 | 60 |
| | 3（重4，价30） | 0 | 15 | 30 | 45 | 60 |

最终结果是 dp[3][4] = 60，意味着当背包容量为 4 时，可获得的最大价值为 60。这个价值来自 4 个物品 A 的组合。

动态规划的本质就是用程序维护这么一张表格，让表格的右下角永远保持为最优解。

看完以后，读者可能还会有些不明所以：动态规划这个算法到底有什么实际的用途？实际上，**动态规划是一种用于解决复杂问题的强大技术，特别适用于那些具有递归性质且存在子问题重叠的情况。**

比如在财务规划中，动态规划可用于最大化投资回报率或优化资产分配。通过分析不同的投资组合、利率和时间段，个人或财务顾问可以利用动态规划来确定最佳的财务策略。在物流和供应链管理中，动态规划被用来优化库存管理、路线规划和运输调度。通过分析不同的运输选项、库存水平和需求预测，公司可以使用动态规划来最小化成本并提高效率。在计算机科学中，动态规划是解决许多经典问题的标准方法，例如最短路径问题、编辑距离计算、最长公共子序列问题等。它也被用在机器学习和人工智能领域，帮助创建高效的算法。

理查德·贝尔曼并不只是发明了动态规划，他还提出过一个名为贝尔曼 – 福特 – 摩尔（Bellman–Ford–Moore）的最短路径算法，本书第六章会提到最短路径算法的知识。这个算法里的第一个人名就是贝尔曼的名字。这个算法和动态规划相似，并不是三个人合作发表，而是三个人在很接近的时间里各自发表了类似的算法。小莱斯特·伦道夫·福特（Lester Ford）在 1956 年发表了该算法，而爱德华·F. 摩尔（Edward F. Moore）在 1957 年也发表了同样的算法。因为可以证明这些人全是独立发表的，所以这个算法名称里出现了好多名字。更多时候，该算法被称为贝尔曼－福特算法（Bellman–Ford）。

贝尔曼的卓越职业生涯经历了南加州大学的教授、美国艺术与科学研究院的研究院士以及美国国家工程院的院士。他在 1979 年获得了电气电子工程师协会奖，这一荣誉表彰了他在决策过程和控制系统理论方面的杰出贡献，特别是他发明和应用动态规划的贡献。这个奖项承认了他在推动计算机科学和运筹学等领域的研究和创新，为解决实际问题和改进决策制定提供了宝贵的方法和工具。

# 第五章　星系联结的天网：图论与搜索算法

在思想的宇宙中，图论是一张编织着无数星系的天网，它以抽象的辉煌演绎着世间所有的关系与连接。点与点之间，就如同星与星之间的光线，以看似随意却又严谨的几何距离，构成了一个个微妙的宇宙星座。

想象一幅绘有无数节点的画卷，那些节点如同宝石，以一根根看不见的线连接，每一根线都是宇宙中的一次微笑，每一次交汇都是星辰的一次私语。图论的魔力，在于它以几何之口述说着群星的秘密，以算法之手揭示了宇宙间最精密的和谐。

在图论的每一条边上，都游走着数学家的灵魂，它们像是跨越星系的航行者，用逻辑的罗盘探索每一个可能的世界。它们在节点间旅行，寻找最短的路径、最强的连接、最优雅的网络。每找到一条路径，就像发现了一条天河；每确定一个连接，仿佛揭示了一个生命的轨迹。

图论不仅是一门科学，更是连接真实与理想的桥梁，是现实世界与理论世界的纽带。网络的数据流、社会的人际关系网、宇宙的结构图，这一切都被图论以优雅的数学诗行描述，被编织进这无穷宇宙的大画中。

在数学的广阔领域中，有一个简单而有趣的问题，促使了图论的诞生和蓬勃发展。这个问题就是著名的柯尼斯堡七桥问题。

和这个问题相关的是一位知名数学家莱昂哈德·欧拉（Leonhard Euler）。

欧拉于 1707 年出生在瑞士的巴塞尔，他的家庭并不富裕，但父母对他的教育抱有极大的期望。早在年幼时，欧拉便展现出对数学的浓厚兴趣，他的父亲也是他的第一位数学导师，启发了他对数学的深入思考。随着时间的推移，欧拉的才华迅速显现，他被送往巴塞尔大学攻读数学。

年轻的欧拉很快就在数学领域崭露头角。他的第一篇重要论文是关于无穷级数的研究，这成为他著名数学生涯的开端。他在瑞士的学术圈子中逐渐建立了声誉，被认为是一位杰出的年轻数学家。

然而，欧拉并没有满足于此。他渴望更广泛、更深刻的数学知识，于是决定前往圣彼得堡，在俄国的学术氛围中继续深造。在圣彼得堡，欧拉的数学天赋迅速获得了认可，并被任命为圣彼得堡科学院的教授。在这里，他开始对数学和物理进行研究，为解决当时最棘手的数学问题作出杰出贡献。

在 18 世纪，位于现今俄罗斯加里宁格勒市（Kaliningrad）的柯尼斯堡城（Königsberg），有一个引人注目的地方：一片包含两个小岛和七座桥的地区。人们经常讨论这样一个有趣的问题：是否存在一条路径，能够正好经过每座桥一次，最终回到出发地点？尽管这个问题被广泛讨论，但是合适的方法却一直没能找到。

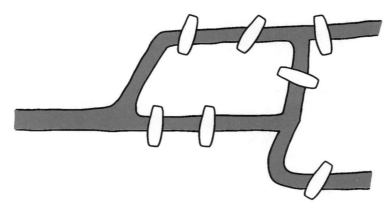

柯尼斯堡七桥问题示意图

　　欧拉当时是俄国圣彼得堡科学院的新任教授，他着手解决困扰当地人的著名的柯尼斯堡七桥问题。

　　解决这个问题的关键在于抽象和简化现实情况。欧拉意识到，问题的本质并不在于具体的地理布局或桥的长度，而在于桥的布局。于是，他使用图论的概念来表示整个问题：将柯尼斯堡的四块地区抽象为点（顶点），将七座桥抽象为连接这些点的线（边）。

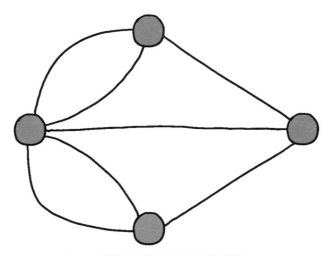

柯尼斯堡七桥问题解决思路示意图

在这个图中，一个欧拉路径是指一条包含图中每条边一次的路径。欧拉首先注意到，要找到这样的路径，路径上的每个顶点（除了起点和终点）都必须有偶数条边，这样的顶点被称为"偶顶点"。因为每当路径到达一个非起始顶点时，必须有一条边供路径离开，这就意味着每个这样的顶点都必须有偶数条边。如果一个顶点有奇数条边，那么路径在经过最后一条边时就会"卡住"，因为没有额外的边来离开顶点了。

在柯尼斯堡的情况中，每个地区都与奇数数目的桥相连（每个顶点都是"奇顶点"），这就意味着不可能存在一个欧拉路径。因此，欧拉得出结论，没有一条路径能满足题目的要求，即经过每座桥一次而不重复。

欧拉的分析并不是寻找一个实际的路径，而是证明这样的路径不存在。他的方法不仅解决了一个具体问题，还展示了一个从具体问题抽象到一般性原则的过程。这个原则后来被称为欧拉定理：一个图中存在欧拉路径（起点和终点是同一个顶点的欧拉闭路称为欧拉回路），当且仅当该图是连通的，并且有 0 个或 2 个奇顶点。如果有 0 个奇顶点，那么存在欧拉回路；如果有 2 个奇顶点，那么存在一个欧拉路径，其起点和终点正好是这两个奇顶点。

这一解答不仅解决了柯尼斯堡七桥问题本身，还开创了一种全新的数学思维方法 —— 图论（在当时还没有图论这个概念）。

欧拉的创新思维和对问题的抽象化处理方式为解决难题带来了新的角度，他的成就不仅仅在于解决了柯尼斯堡七桥问题，更在于创立了一门具有深远影响的数学分支，为后世的数学研究和实际应用奠定了基础。

晚年的欧拉视力恶化，近乎失明，却没有阻止他在数学领域的探索之路。这位伟大的数学家在面对视力挑战时表现出了无与伦比的毅力和决心。在 1766 年之后，他继续发表了大量的论文，这证明了他的智慧和坚韧精神不被任何困难所束缚。

欧拉发表的论文数量之多令人叹为观止，他是史上发表论文数第二多的数学家。欧拉的影响不仅在他的生前，甚至在他辞世之后依然持续。人们花了 47 年的时间来整理欧拉的论文，这体现了他巨大的学术产出。在 18 世纪后 75 年的数学论文中，有三分之一来自欧拉，这充分展示了他在当时数学界的主导地位。

为了珍藏和传承欧拉的杰出成果，数学界于 1911 年开始整理并出版了《欧拉全集》。这一壮丽的工程包括 70 多卷，每卷厚达 500 多页，总重超过 136 千克。这一庞大的著作集合了欧拉在数学和物理领域的全部贡献，成为数学史上的珍贵宝藏。

欧拉的一生中成就众多，比如发明了欧拉公式，将三角函数与复指数函数关联起来；比如定义了微分方程中的欧拉 – 马斯刻若尼常数，也是欧拉 – 麦克劳林求和公式的发现者之一；甚至写过一本名为《音乐新理论的尝试》（*Tentamen novae theoriae musicae*）的书，试图把数学和音乐结合起来。他用希腊字母 $\Sigma$ 表示累加，用 i 表示虚数，甚至 $\pi$ 的使用也是由他推广的。更重要的是自然常数 e，也就是 2.7182818284……这个数也是欧拉发现的，并被命名为欧拉数，这个 e 就是欧拉名字的首字母。欧拉的众多成果中，对大部分学生影响最大的是，欧拉第一个将函数的表达式写为 $f(x)$，以表示一个以 $x$ 为自变量的函数。

另外一个非常知名的图论问题是哈密顿路径问题。

哈密顿路径问题起源于 19 世纪的数学家威廉·罗维·哈密顿爵士（Sir William Rowan Hamilton）的兴趣。

哈密顿 1805 年出生于都柏林，他最著名的贡献之一是四元数的发明，这是一种扩展了复数的数学结构。四元数在三维空间中描述旋转的问题上有着重要的应用，对计算机图形学、控制理论以及物理学等领域产生了深远的影响。哈密顿为了寻找能够扩展复数并且能够在三维空间中应用的数学结构，进行了长时间的深入研究。他最终在 1843 年发现了四元数，并用一把小刀在都柏林的布鲁姆桥上刻下了四元数的基本公式，这一举动成为数学史上的一段佳话。

　　除了四元数，哈密顿还在光学和经典力学领域作出了显著的贡献。他提出了哈密顿力学，这是一种新的力学表述方式，用能量而非力来描述物体的运动。哈密顿力学与牛顿力学等价，但提供了一个更加抽象和更适合理论进一步发展的框架，对量子力学的发展产生了重要影响。

　　哈密顿曾提出哈密顿路径问题，问题的核心在于：在一个给定的图中，是否存在一条路径，能够准确经过每一个节点一次，并最终回到起始节点？尽管这个问题听起来相对简单，却具有很大的挑战性。其问题复杂性和实际应用价值使得哈密顿路径问题在图论领域中备受瞩目。

　　哈密顿路径问题与图论的联系密切而深远。在图论中，当一个图存在一条路径，且该路径准确经过每一个节点一次时，我们称之为哈密顿路径。因此，解决哈密顿路径问题即是要判定一个给定的图是否具备这样的路径。

　　在寻找图中的哈密顿路径时，由于需要考虑所有可能的路径，问题的复杂性随着节点数量的增加而呈指数级增长。这使得找到一个高效的解决方法变得困难。在实际应用中，哈密顿路径问题常常涉及旅行商问题等实际场景，如寻找最短的路径遍历一系列地点，因此具有重要的应用意义。

　　虽然哈密顿路径问题在描述上显得简单，但由于其复杂性和实际应用的挑战性，它在图论领域中成为一个备受研究和讨论的重要问题，激发了数学家们不断寻找解决方法和优化算法的热情。

在数学史上，还有一个看起来不太像图论的问题，但也应用了图论的方法，那就是四色问题。

在 19 世纪中叶，同样是一个看似简单实际很复杂的问题开始在学术界引起关注。这就是后来被广泛讨论的四色问题。

一位年轻的英国学者法兰西斯·古德里（Francis Guthrie）在 1852 年对一张英国地图进行着色时，意识到仅仅使用四种颜色便可确保任意相邻的两个地区颜色不同。这使他开始怀疑，是不是所有的地图都只需要四种颜色？

尽管对此问题感到好奇，但他也未能找到答案。不甘心的古德里，将这个难题带给了他的导师——当时的数学巨擘奥古斯塔斯·德·摩根（Augustus De Morgan）。德·摩根虽然在数学界颇有声誉，但对于这个问题，他也感到无从下手。为了寻找更准确的解答，德·摩根于 1852 年 10 月 23 日写信给了哈密顿。

不过哈密顿对此问题并不感兴趣。

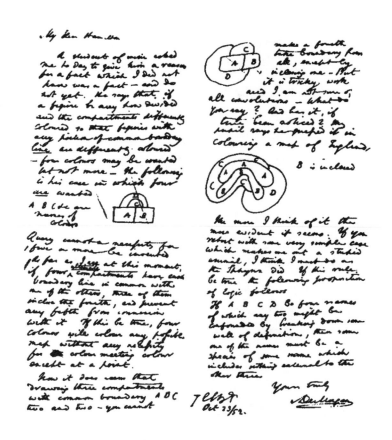

德·摩根写给哈密顿的信

　　1878 年，英国数学家阿瑟·凯莱（Arthur Cayley）在皇家学会的一次聚会上，将这一问题正式地呈现给了学界。他不仅详细描述了问题的本质，而且对其可能的解法进行了一些初步的探讨。这一事件可以说是四色问题正式进入数学主流的关键事件。

凯莱对四色问题进入数学主流确实起到了关键作用。不久之后，《皇家地理学会会报》登载了他关于这一问题的研究，进一步引起了学界的广泛关注。在此之后，四色问题不再是少数人知道的数学难题，而是成为国际数学界的一个热门话题。

四色问题的核心内容是：如何在地图上使用尽量少的颜色，使得相邻区域的颜色不同，从而实现地图的有效着色。这个不起眼的问题难住了当时的所有数学家。

1879 年，四色问题逐渐成为国际数学界的热门议题。这一年，剑桥大学三一学院的新晋数学毕业生阿尔弗雷德·布雷·肯普（Sir Alfred Bray Kempe）率先勇敢地挑战了这一难题。他在科学界的权威杂志《自然》上发表了自己关于四色猜想的证明，声称自己找到了问题的答案。不久后，他的研究也被收录在了《美国数学杂志》中，为其增添了更多的曝光和认可。

肯普的"证明"引起了学界的轰动，很多数学家开始研读他的论文，希望从中找到问题的答案。然而，好景不长，到了 1890 年，一位名为希伍德的大学数学讲师发现了肯普的证明中存在一个关键性漏洞，这使得其证明失去了说服力。

但希伍德并没有完全否定肯普的工作，他认为肯普的方法仍然有其价值。于是，他基于肯普的思路，对问题进行了进一步的研究。最终，他提出了一个新的定理，称为五色定理，声称对于任何地图，只需五种颜色就足以满足任意两个相邻区域不同色的要求。

在解决四色问题的过程中，图论起到了重要的作用。研究者们将地图抽象为图，通过对图的结构和关系进行分析，逐步揭示了其中的规律和性质。特别地，他们发明了"平面图"的概念，这种图可以在平面上进行绘制，而且边不会相交或重叠。四色问题实际上就是在研究如何对平面图进行有效着色的问题。通过这种图论的分析，研究者们逐渐靠近了问题的解。

在四色问题的研究中，研究者们不断提出猜想、推断和证明，寻找可能的规律和限制条件。一系列的尝试和努力逐渐凝聚成了关于四色问题的重要定理。最终，1976 年，著名数学家沃夫冈·哈肯（Wolfgang Haken）和凯尼斯·阿佩尔（Kenneth Appel）利用计算机进行了大规模的计算和分析，证明了四色问题的一个关键定理，即每个平面图都可以只用四种颜色进行有效着色，使得相邻的区域颜色不同。

尽管证明的过程相对复杂，涉及了大量的计算和图论分析，但这一成果标志着四色问题的解决。这个问题的解决不仅仅是对一个具体难题的回答，更是图论和数学研究，甚至是计算机科学发展的重要里程碑，为这个领域的发展作出了贡献。同时，四色问题也启发了人们思考更广泛的图论和组合优化问题，产生了深远的影响。

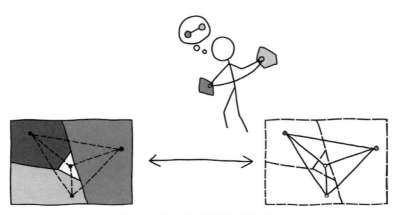

把四色问题抽象成图论问题的过程

那到底什么是图论呢?

图论是一门研究事物关系的数学学科,其目标是帮助我们理解各种事物之间的连接和关系。无论是日常生活中的社交网络,还是科学研究中的分子结构,都可以用图论来描述、分析和解释。

在图论中,我们主要关注两个核心概念:节点和边。节点代表着现实世界中的事物,可以是人、地点、物品等。这些节点通过边连接在一起,边代表着节点之间的联系或关系。边可以是有向的,也可以是无向的,具体取决于事物之间的关系性质。

如果将节点比作孤立的岛屿,那么边就像是跨越水域的桥梁,将这些岛屿连接在一起。每座桥梁都代表着节点之间的关系,可能是交流、影响、联系等。通过构建图,我们能够更清晰地看到不同节点之间的互动模式和联系,从而揭示出隐藏在事物之间的规律和特征。

在图论中，图可以分为两种主要类型：有向图和无向图。这两种类型分别描述了节点之间的关系方式，从而帮助我们更好地理解事物之间的连接和互动。

在有向图中，边是有方向的，类似于箭头，从一个节点指向另一个节点。这种方向性表示了节点之间的关系是单向的，即一个节点与另一个节点之间存在特定的"起点"和"终点"关系。有向图可以用来描述依赖关系、信息传递方向等情况。

在无向图中，边没有方向，表示节点之间的关系是相互的、对等的。在无向图中，两个相邻的节点之间的连接是没有先后之分的，可以双向传递信息。无向图常用来描述社交网络、交通网络等情况。

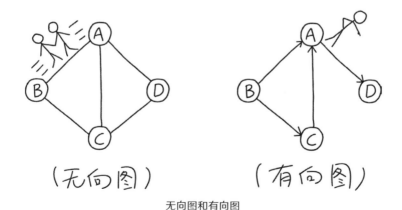

无向图和有向图

此外，边还可以携带额外的信息，即权重。权重可以被视为衡量节点之间关系强度的标尺，用于表示节点之间某种程度的关联、距离等。在很多实际应用中，权重信息对于理解和分析图的结构至关重要。

图论的应用非常广泛。在计算机领域，它被用来解决网络路由、最短路径等问题，帮助我们高效地传输信息。在社会学中，图论可以帮助分析社交网络，了解人们之间的关系。在生物学领域，图论被用来描述分子之间的相互作用，从而更好地理解生命过程。

在图论里，最基本的两种搜索算法是广度优先搜索（breadth-firstsearch，简写 BFS）和深度优先搜索（depth-firstsearch，简写 DFS）。

1945 年，德国计算机先驱、发明家康拉德·楚泽（Konrad Zuse）在他的博士论文中设计了世界上第一个高级编程语言 Plankalkül，并发明了广度优先搜索及其在寻找图的连通分量方面的应用，但该论文直到 1972 年才发表。这个算法在 1959 年被爱德华·F.摩尔（Edward F. Moore）重新发明，被用于寻找走出迷宫的最短路径。

广度优先搜索是一种用于遍历或搜索树形或图形结构的算法，其核心思想可以用"先来后到"来形容。当应用这个算法来解决问题时，它会从一个指定的起点开始，先探索所有与起点直接相连的节点，然后再移动到下一层级，探索与这些已探索节点相连的所有节点。如此重复进行，直到找到目标或遍历整个结构。

在迷宫中，广度优先搜索是一个非常直观的解决方法。站在迷宫的入口，你并不是随便选择一条路径就直奔深处，而是先探索所有从入口开始的路径。当这些路径都被探索过，再进一步探索由这些路径通往的地方，依此类推。这样的搜索策略保证了你能够按层级顺序探索迷宫，从而保证找到的第一个出口是最近的出口。

这种按层级探索的策略不仅适用于迷宫这样的物理空间问题，还可以应用于网络、图形结构和许多其他复杂的数据结构中。在这些情境下，广度优先搜索能够帮助我们快速找到从一个节点到另一个节点的最短路径或者确定两个节点之间是否存在某种关系。

虽然广度优先搜索在很多情况下都是非常有效的，但也有其局限性。例如，当处理的结构非常庞大时，广度优先搜索可能会消耗大量的内存，因为它需要存储所有已探索和待探索的节点。此外，它找到的虽然是最短路径，但不一定是最优解，因为它没有考虑路径的权重。

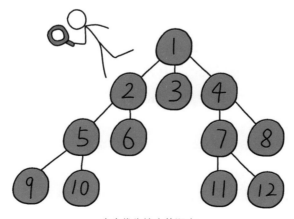

广度优先搜索的顺序

现在普遍认为深度优先搜索是 L. 奥斯兰德（L.Auslander）和 S.V. 帕特（S.V.Parter）于 1961 年提出的，并由 A.J. 葛斯丁（A.J.Goldstein）在 1963 年改进。但是在程序上最早实现，并形成我们现在所使用的具体算法得益于罗伯特·塔扬（Robert Endre Tarjan）和约翰·霍普克罗夫特（John Hopcroft）。其中罗伯特·塔扬发明了大量基础算法，大部分算法都以其名字命名，以至于人们经常搞错要说的是什么算法。

深度优先搜索是一种用于在树形或图形结构中寻找路径的算法，其工作原理是沿着一条路径尽可能深入地探索，直到达到目标或者路径的终点。当探索到尽头时，算法会回溯到前一个分叉点，并探索另一条路径。这个过程会一直重复，直到找到目标或者探索完所有可能的路径。

以森林的例子来说明，假设你站在森林的入口，面前有几条不同的小径可以选择。你选择其中一条，开始沿着这条路前进。每当你遇到一个分岔路口，你都会继续选择其中一条路，然后继续前进。你会一直这样做，直到你达到了目的地，或者走到了死胡同，无路可走。如果你走到了死胡同，你就会回到上一个有其他选择的分岔路口，然后尝试另一条没有走过的路。这个回溯的过程会一直持续，直到你找到目的地或者探索完所有的路径。

深度优先搜索的特点是它会尽可能深入地探索一条路径，直到无路可走为止，然后再回溯到上一个分叉口去尝试其他的路径。这种策略使得它非常适合于解决那些需要彻底探索所有可能性的问题。

然而，深度优先搜索也有其局限性。由于它倾向于沿着一条路径探索到底，因此如果目标其实很接近起点，但是在另一条路径上，深度优先搜索可能会花费很长时间才能找到它。此外，如果存在很多分叉，或者路径很长，深度优先搜索可能会消耗大量的时间和内存。

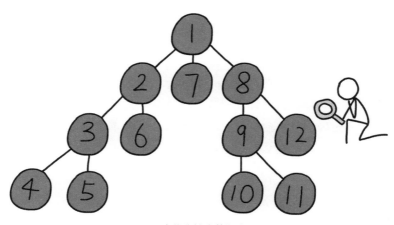

深度优先搜索的顺序

广度优先搜索和深度优先搜索是图论中非常基础的算法，很多更为高级的数据处理都和这两种算法直接相关。

# 第六章　无尽地图的向导：最短路径算法

在图论的宏伟壁画上，最短路径问题是一道独特的光芒，它贯穿于复杂的网络之间，是求解之路，是效率之典范，是智者探求真理的黄金线索。

设想一张无尽的地图，布满了点与点之间纷繁交错的路径，每一条都代表一种可能、一段旅程、一次探索。在这张地图上，最短路径就如同最精巧的艺术品，它不仅仅连接起两点间的距离，更连接着时间与空间的精华，追求着效率与和谐的完美平衡。

最短路径算法，像是一位经验丰富的向导，巧妙地避开了拥挤的交通，绕过了迂回的道路，找到了穿越这庞大迷宫的最直接之路。它不迷恋远方的风景，不沉溺于旁路的诱惑，只专注于最快地抵达目的地的单纯目标。

行者脚下铺展开的不是泥土，而是时间的沙粒，他的每一步都要在滚动的沙海中找到最稳固的支点。最短路径就是那最稳固的路，它通过精妙的计算，像是预知未来的先知，预示了每一步应该如何迈出。

你有没有想过一个很常见的问题，在你使用手机导航的时候，地图是如何告诉你到达目的地的最短路径的？

研究这个方向的，就是最短路径算法。

最短路径算法是一类用于在图或网络中寻找连接两个节点之间最短路径的算法。这个路径可以是节点之间的最短距离、最少花费、最小时间等，取决于具体问题的要求。最短路径算法的目标是找到一条路径，使得从起始节点到达目标节点所经过的边的总权重最小。

最短路径问题在我们的日常生活和工业应用中扮演着重要的角色。在地图导航中，我们常常需要找到从一个地点到另一个地点的最短或最快路线，这不仅节省了我们的时间，也间接地减少了能源消耗和交通拥堵。在电信网络中，数据包需要在多个网络节点之间传输，找到最短的传输路径可以减少数据传输的延迟，提高网络的整体性能和效率。这对于实时通信和大数据传输尤其重要。此外，最短路径问题在机器人路径规划、网络路由、社交网络分析等许多其他领域都有应用。比如在社交网络分析中，最短路径问题可以用来计算两个人之间的关系紧密度，或者找出社交网络中的重要节点。

在最短路径研究的世界里，影响最大的人为迪杰斯特拉。

艾兹赫尔·韦伯·迪杰斯特拉（Edsger Wybe Dijkstra）是一位著名的计算机科学家，出生于荷兰的鹿特丹市。他是荷兰历史上第一位以编程为专业的科学家，对计算机科学领域作出了重要的贡献。

当时，迪杰斯特拉正致力于解决图论中的路径搜索问题。他意识到，寻找从一个起始节点到其他节点的最短路径是一个重要且在导航、通信网络等领域有实际应用价值的问题。然而，当时还没有一个高效且通用的算法来解决这个问题。

迪杰斯特拉开始思考如何设计一种算法，能够有效地找到图中节点之间的最短路径，而不需要枚举所有可能的路径。他的思考最终导致了迪杰斯特拉算法的诞生。这个算法会不断地选择当前距离起始节点最近的节点，更新其他节点的距离，并标记已经确定最短路径的节点。通过这种方式，迪杰斯特拉成功地发明了一种高效的最短路径搜索方法。

1959 年，迪杰斯特拉发表了一篇论文，详细介绍了他的最短路径算法，并且引起了广泛的关注。这个算法不仅解决了图中最短路径问题，还奠定了图算法和优化算法的基础，为计算机科学发展研究作出了重要贡献。

迪杰斯特拉算法的工作原理是通过逐步确定的方式，寻找从起始点到图中每个其他顶点的最短路径。它包括两个集合，一个为已确定最短路径的顶点集合，另一个为尚未确定最短路径的顶点集合。算法初始化时，起点的距离设为 0，所有其他顶点的距离设为无穷大，因为我们还不知道到达它们的最短路径。起点被添加到已确定最短路径的集合中。

算法的每一步，都从尚未确定最短路径的集合中选出一个距离最短的顶点，将其加入到已确定最短路径的集合中。然后，算法更新与这个顶点相邻的顶点的距离。如果通过新加入的顶点到达相邻顶点的路径比之前找到的路径短，就更新那个顶点的距离和前驱节点。

这个过程重复进行，直到所有的顶点都被加入到已确定最短路径的集合中。在这个时候，从起点到图中每个其他顶点的最短路径都已经被确定。

我们以下图为例讲解一下迪杰斯特拉算法的流程，目标是找到从 A 点到其他所有点的最短路径：

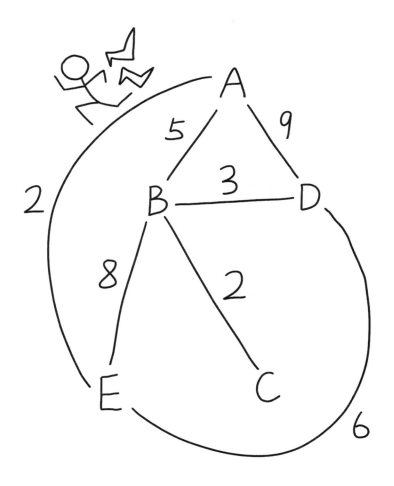

在此图里有如下已确定的路径和距离：

- A – B: 5
- A – D: 9
- A – E: 2
- B – C: 2
- B – D: 3
- B – E: 8
- D – E: 6

1. 初始化：我们将 A 点的距离设为 0，因为从 A 到 A 的距离为 0，其他所有点的距离设为无穷大，因为一开始我们还不知道到达它们的最短路径。得到下表：

| A | B | C | D | E |
|---|---|---|---|---|
| 0 | ∞ | ∞ | ∞ | ∞ |

2. 检查 A 点能直接到达的点：这些点有 B、D 和 E。我们更新它们的最短路径值。

| A | B | C | D | E |
|---|---|---|---|---|
| 0 | 5 | ∞ | 9 | 2 |

现在，我们将 A 标记为已访问，并寻找下一个要访问的节点。在未访问的节点中，E 的最短路径值最小，所以我们接下来访问 E。

3. 访问 E 点：我们检查通过 E 能够到达的点，并尝试更新它们的最短路径值。E 能直接到达的节点有 D 和 B。

到 D 的距离：通过 E 到达 D 的总距离是 2 + 6 = 8，比之前记录的直接从 A 到 D 的距离 9 要短，所以我们更新 D 的最短路径值为 8。

到 B 的距离：通过 E 到达 B 的总距离是 $2 + 8 = 10$，比之前记录的从 A 到 B 的最短路径值 5 要长，所以我们不更新 B 的最短路径值。

更新后的距离表：

| A | B | C | D | E |
|---|---|---|---|---|
| 0 | 5 | ∞ | 8（更新） | 2 |

现在，我们将 E 标记为已访问。

4. 在未访问的节点中，B 的最短路径值为 5，C 为 ∞，D 为 8。我们选择最小的最短路径值，所以接下来访问 B。

访问 B 点：我们检查通过 B 能到达的点有 A、C、D 和 E。但 A 和 E 已经访问过，所以我们只需要关注 C 和 D。

到 C 的距离：通过 B 到达 C 的总距离是 $5 + 2 = 7$，比之前记录的从 A 到 C 的最短路径值 ∞ 要小，所以我们更新 C 的最短路径值为 7。

到 D 的距离：通过 B 到达 D 的总距离是 $5 + 3 = 8$，与我们之前记录的从 A 到 D 的最短路径值 8 相同，所以我们不更新 D 的最短路径值。

更新后的距离表：

| A | B | C | D | E |
|---|---|---|---|---|
| 0 | 5 | 7（更新） | 8 | 2 |

现在，我们将 B 标记为已访问。

5. 在未访问的节点中，C 的最短路径值为 7，D 为 8。我们选择最小的最短路径值，所以接下来访问 C。

访问 C 点：通过 C 我们可以到达的节点是 B，但 B 已被访问，所以我们不需要更新任何距离。

| A | B | C | D | E |
|---|---|---|---|---|
| 0 | 5 | 7 | 8 | 2 |

我们将 C 标记为已访问。

6. 现在，未访问的节点只剩下 D，我们接下来访问 D。

访问 D 点：通过 D 我们可以到达的节点有 A、B、E，但这些节点都已被访问，所以我们不需要更新任何距离。

| A | B | C | D | E |
|---|---|---|---|---|
| 0 | 5 | 7 | 8 | 2 |

我们将 D 标记为已访问。现在所有的节点都已访问过，算法结束。

最终的最短路径值：

从 A 到 B 的最短路径距离为 5。

从 A 到 C 的最短路径距离为 7。

从 A 到 D 的最短路径距离为 8。

从 A 到 E 的最短路径距离为 2。

起初迪杰斯特拉算法只应用在计算机科学领域，但很快其他行业的人就意识到了计算机的处理能力加上这个算法可以取得意想不到的效果，于是通信网络和电网的规划、飞机航线的设计甚至道路建设，都开始使用迪杰斯特拉算法来计算最短路径。同时迪杰斯特拉算法还影响了硬件行业，当时的工程师们想要让电流以最短的路径通过所有电路，直到他们发现了迪杰斯特拉算法，才找到了一个最科学的理论来解决这个问题。

2001 年，迪杰斯特拉在接受采访时，提到了设计这个算法的过程："从鹿特丹到格罗宁根的最短路径是什么？实际上，这就是关于任意两座城市之间的最短路径问题。解决这个问题实际上大概只花了我 20 分钟：一天早上，我和我的未婚妻在阿姆斯特丹购物，累了，我们便坐在咖啡馆的露台上喝咖啡，然后我就试了一下能否用一个算法解决最短路径问题。正如我所说，这是一个 20 分钟的发现。不过实际上，我在 3 年后的 1959 年才把这个算法发表在论文上。即使现在来看，这篇论文的可读性也非常高，这个算法之所以如此优雅，其中一个原因就是我没用纸笔就设计了它。后来我才知道，没用纸笔设计的优点之一是你不得不避免所有可避免的复杂问题。令我惊讶的是，这个算法最终成为我成名的基石之一。"

迪杰斯特拉在计算机领域有着广泛的影响，他不仅在算法和数据结构方面作出了杰出的贡献，还在编程方法学、并发性理论和操作系统设计等领域有着深刻的见解。迪杰斯特拉还倡导了一种严谨的软件开发方法学，强调编写可靠、高效和易于理解的程序。他的思想和观点影响了许多计算机科学家和软件开发者，对编程实践产生了积极影响。除了学术贡献，迪杰斯特拉也是一位富有启发性的演讲者和作家。他的许多演讲和论文都强调了编程的艺术和科学，以及如何以创造性和严谨的方式解决计算机科学中的问题。

此外，计算机科学领域还有一个知名的哲学家进餐问题，也是来自迪杰斯特拉。这个问题是在 1971 年提出的，用以模拟并发进程之间的合作和竞争。

这个问题描述了五位哲学家坐在圆桌周围，进行思考和进餐两种活动。每两位哲学家的中间都有一把叉子，而进餐需要同时使用其左右两边的叉子。哲学家们可以持续不断地在思考和进餐之间切换，但在任何时刻，一个叉子只能被一个哲学家使用。

问题的核心是如何设计一个算法，使得哲学家们可以无限次数地交替进行思考和进餐，而不会发生死锁。死锁是指一个状态，其中每个哲学家都在等待另一位哲学家放下叉子，导致没有人能进餐。

为了避免死锁，一种常见的方法是引入一个仲裁者或者一个中央服务器，该服务器负责分配叉子。哲学家们必须首先请求该服务器，得到两个叉子后才能进餐。但这种方法引入了中央化的元素，并可能成为性能瓶颈。

另一种方法是为叉子分配优先级，并规定哲学家们必须先从优先级较低的叉子开始请求。这种方法不需要中央仲裁者，但可能导致"饥饿"问题，即某些哲学家可能很长时间都无法进餐。

哲学家进餐问题的实际意义在于，它为我们提供了一个框架，用以理解并发系统中的资源竞争和死锁问题。通过寻找解决此问题的方法，我们可以更好地理解和设计并发系统，以确保资源的有效利用并避免出现死锁和其他相关问题。

迪杰斯特拉的这个系统非常具有前瞻性，很多年后，开发操作系统的工程师们在思考怎么解决死锁的问题时，才发现原来迪杰斯特拉很早就考虑过这个问题了。

此外，迪杰斯特拉还提出了计算机科学中的一个知名论断——goto 有害论。goto 是很多编程语言都有的一个功能，是可以任意跳转到某一行的程序里。迪杰斯特拉认为代码的清晰性和结构性是至关重要的。一个结构清晰的程序能够让开发者更容易地理解程序的逻辑，并有助于错误检测和后续维护。而 goto 语句的使用往往打破了程序的线性结构，使得代码逻辑变得零散和不连贯。迪杰斯特拉指出 goto 语句使得程序的控制流变得不可预测，从而增加了出错的可能性。当代码中存在多个 goto 语句时，控制流会在不同的代码段之间跳转，这使得代码的执行路径变得复杂，为错误的产生提供了土壤。此外，过度依赖 goto 语句可能会导致代码的重复，因为程序员可能会在多个地方使用相同的代码片段，而不是将其封装成函数或方法。这不仅会导致代码膨胀，还可能增加维护成本，因为在需要修改代码时，必须在多个地方进行更改。goto 有害论也成为程序员最知名的思想钢印。

我们回到最短路径的故事里。

还有两个常见的最短路径算法，分别是前文曾提到过的贝尔曼·福特算法和弗洛伊德算法（Floyd's algorithm）。两种算法分别可以应对不同于迪杰斯特拉算法的情况。

贝尔曼·福特算法的基本工作原理是反复进行边的松弛（relaxation）操作，直到所有点的最短路径长度稳定下来。算法的具体执行过程如下：首先，将起点的最短路径长度设为 0，到达其余所有点的最短路径长度设为无穷大。然后，对图中的所有边执行一次松弛操作，尝试通过每条边来更新边的两个端点之间的最短路径。如果找到了更短的路径，就更新这两个端点之间的最短路径的长度。这个过程重复执行 $n-1$ 次（$n$ 为图中的节点数量）。最后，再执行一次松弛操作，如果这时还能找到更短的路径，就说明图中存在负权环（如果一个边的权值是负数，那么这个边就被称为负权边。当图中一系列的边构成一个环，并且这些边的权值之和为负数时，这样的环就称为负权环）。

这种算法的时间复杂度为 O(VE)，其中 V 是图中的节点数量，E 是边的数量。对于稠密图来说，这个时间复杂度可能会比较高，但它能够处理包含负权边的复杂情况，这是其相较于迪杰斯特拉算法的一大优势。

弗洛伊德算法是由罗伯特·弗洛伊德（Robert Floyd）、贝尔纳·罗伊（Bernard Roy）和史蒂芬·沃舍尔（Stephen Warshall）提出的，和贝尔曼·福特算法类似，这个算法也是由三人分别独立提出的，所以会看到以不同顺序用三人名字拼接的算法名称。之所以普遍使用弗洛伊德算法这个名字，是因为罗伯特·弗洛伊德相对而言在学术界的影响力更大。除了弗洛伊德算法外，他还和快速排序的创造者托尼·霍尔发明了霍尔逻辑，并且是后文会提到的知名计算机学者高德纳的著作《计算机程序设计艺术》的主要评审，还在 1978 年获得图灵奖。

弗洛伊德算法是用于找出图中所有顶点对之间的最短路径的算法。这种算法能够处理图中包含负权边的情况，但不适用于存在负权环的图。算法以其简单而直观的思路和广泛的应用而著称。

弗洛伊德算法的核心思想是动态规划，它通过比较所有可能的路径来找出每对顶点之间的最短路径。算法执行的过程包括三个嵌套的循环，每个循环遍历图中的所有顶点。在内部的每次循环中，算法尝试通过一个中间顶点 k 来更新顶点 i 和 j 之间的最短路径。如果通过顶点 k 的路径比当前已知的 i 和 j 之间的最短路径还要短，那么就更新 i 和 j 之间的最短路径的长度。这个过程对所有顶点对和所有可能的中间顶点重复执行，直到找出所有顶点对之间的最短路径。

最终需要根据使用场景，来选择对应的最短路径算法，比如在网络路由、地图导航等领域，迪杰斯特拉算法被广泛应用。在一些金融领域，如货币兑换、套利检测等场景，贝尔曼·福特算法有着重要的应用。

读者可能会想到，在玩游戏的时候也会有游戏角色的寻路算法，是不是这三种算法的某一个？并不是，大部分游戏使用的是 A* 算法。

A* 算法的诞生和人工智能颇有渊源。

1956 年的 8 月，位于美国新罕布什尔州汉诺威的达特茅斯学院举行了一场引人注目的会议，聚集了一批杰出的科学家。他们集思广益，探讨一个激动人心且具有前瞻性的议题：如何通过机器来模拟人类的学习和智能。

这次会议会集了来自不同领域的顶尖学者，其中包括了约翰·麦卡锡（John McCarthy），他是这次会议的发起人，也是人工智能领域的重要奠基人之一；另外还有马文·明斯基（Marvin Lee Minsky），他是人工智能与认知学领域的专家；以及克劳德·香农（Claude Shannon），他被誉为信息论的奠基人；还有艾伦·纽厄尔（Allen Newell）和赫伯特·西蒙（Herbert Simon）等杰出科学家。

这次会议的核心议题集中在探讨如何利用机器来模拟人类的学习过程以及其他智能行为。参会者们希望通过计算机和机器来模仿人类的思维和推理过程，从而创造出能够自主思考、学习和解决问题的智能系统。他们讨论了各种各样的主题，包括自动机、神经网络、符号推理以及计算机编程语言的设计。

这次会议产生了深远的影响，人工智能从此成为计算机科学领域的一个重要分支，并且引发了无数的研究和创新。在随后的几十年里，人工智能发展经历了起起伏伏，但这场在达特茅斯学院举办的会议无疑点燃了人工智能的火种，开启了一个充满无限可能的新时代。

这次会议虽然没有形成普遍的共识，但确立了人工智能这一领域的名称和任务，同时也奠定了早期的研究基础。会议上出现了许多重要的成果和一批杰出的研究者，为人工智能的发展打下了坚实的基础。因此，这次会议被广泛认可为人工智能诞生的标志，1956 年被誉为人工智能元年。

随着时间的推移，人工智能技术不断发展和成熟，已经广泛应用于各个领域，包括医疗、教育、交通、金融等。虽然我们离创造出完全模仿人类智能的机器还有很长的路要走，但达特茅斯会议的远见和激情无疑为我们指明了方向，为人类开启了探索智能机器无限可能的大门。

关于这次会议和人工智能相关的内容，在本书第十一章还会详细讲到，我们将关注点回到最短路径上。

进入 20 世纪 60 年代，随着计算机科学的快速发展，在图和网络中路径搜索问题成为一个引人注目的挑战，尤其是在人工智能领域。当时，计算机科学家们面临着一个迫切的需求，他们需要一种高效的算法来解决从一个地点到另一个地点的最短路径问题，同时还要避免不必要的搜索，以提高计算效率和性能。

这个问题的背后是一个现实生活中常见的情景，比如导航系统需要找到最快的路线，或者在交通规划中需要确定最优路径以减少时间和成本等。而在复杂的图和网络结构中，简单的穷举搜索往往效率低下，因此迫切需要一种更聪明、更高效的算法来解决这个问题。

在斯坦福大学，一项关于首款移动智能机器人的研究，成为重要的转折点。这款机器人名为 Shakey。

Shakey 机器人是一项具有里程碑意义的机器人研究项目，开展于 1966 年至 1972 年之间，是人工智能狂热下的产物。该项目得到美国国防高级研究计划局的资金支持，旨在开发一种通用移动机器人。项目的目标是将机器人技术、计算机视觉和自然语言处理等领域的研究相结合，使机器能够感知周围环境、理解明确的事实并从中推断出隐藏的含义，同时能够规划路径并在执行过程中纠正错误，还能够通过英语与人类沟通。Shakey 机器人是当时第一个能够进行推理并自主决策的移动机器人。

Shakey 项目的成果对机器人技术和人工智能领域产生了深远的影响，其软件架构、计算机视觉、导航方式和路径规划等思想都被广泛应用于各个领域，如网页服务器、汽车、工业、视频游戏以及探测器登陆等。

Shakey 项目虽然本身并不成功，但是它研发了很多影响了计算机行业发展的技术，比如霍夫变换，这是一种用于在图像中检测特定模式或形状的技术。霍夫变换在计算机视觉和图像分析中具有重要作用，能够从图像中提取出直线、圆等几何形状，为物体检测和识别提供了有效的工具。再比如 A* 搜索算法，在 Shakey 项目中，为了使机器人能够规划路径并避开障碍物，研究人员开发了 A* 搜索算法。这个算法综合考虑了已经走过的路径长度和目标点的预估距离，从而高效地找到连接两个点之间的可遍历路径。A* 搜索算法在路径规划和图遍历领域得到了广泛应用，为许多应用场景提供了高效的解决方案。

A* 搜索算法是一种启发式搜索算法，融合了已走过的路径长度和剩余到目标的预估距离这两个关键因素。

那什么是启发式搜索呢？

启发式搜索是一种智能的搜索策略，它利用问题的特定信息来指导搜索过程，从而在大规模的搜索空间中快速找到解。与在森林中寻找宝藏的例子相似，当我们需要在一片复杂的森林里找到一个隐藏的宝藏时，我们可能会选择看起来最有可能通向宝藏的路径前进，而不是盲目地在所有地方搜索。启发式搜索算法利用先验知识或者问题的特征来指导搜索方向，优先探索那些看起来更有希望的区域。

　　启发式搜索适用于那些有很多种可能解，但我们不想尝试每一种可能性的情况。通过利用问题中的某些特点或规律，我们可以制订一种智能的搜索计划，从而更快地找到解决方案。在启发式搜索中，我们使用某种规则或估计来判断哪个方向最有可能通向目标。这种方法虽然不一定总能找到最优解，但通常可以在很短的时间内找到一个不错的解决方案。

　　A*算法就是结合了启发式搜索，在迪杰斯特拉算法的基础上进行了创新：在进行启发式搜索提高算法效率的同时，可以保证找到一条最优路径。这种创新性的综合考虑方式使得A*算法能够在图和网络结构中高效地找到最短路径，避免了不必要的搜索，从而提高了计算效率。

　　A*算法的详细流程大抵如下：

　　首先，你需要有一个判断标准来决定每一步应该往哪个方向走。这个判断标准由两部分组成：一部分是已经走了多远，另一部分是预计还要走多远。算法会把这两个信息加在一起，得到一个总的评分，然后选择评分最低的方向前进，因为较低的评分意味着那个方向可能是通往出口的最短路径。

　　其次，在你开始走的时候，先站在入口处，查看周围可以直接到达的地方，并根据上面的判断标准给每一个地方一个评分。选择评分最低的地方，把它作为下一个目标点，并把它标记为已经考虑过，以免以后重复考虑。当你到达那个地方，再次查看周围可以到达的地方，给它们评分，并再次选择评分最低的地方前进。

最后，在整个过程中，你可能会发现一些之前考虑过但没有选择的地方现在看起来更有希望，因为你找到了一条更短的路径可以到达那里。这时候，你就需要更新那个地方的评分，并且可能会改变你的路线，转向那个现在看起来更有希望的地方。

这个过程会一直持续下去，直到你到达出口，或者你发现迷宫没有出口。

A* 算法结合了迪杰斯特拉算法的优点，利用启发式函数来估算从当前点到终点的距离，从而能够更快地找到最短路径。A* 算法的核心是它的启发式估计 —— 估计需要足够好，以确保找到最优路径。如果估计值太低，算法就会变得过于乐观，认为目标节点比实际上更接近，这可能导致找不到最短路径。相反，如果估计值太高，算法会变得过于悲观，可能会绕过最短路径。

在实际应用中，A* 算法的意义和价值体现得尤为突出。在计算机游戏和机器人领域，A* 算法常用来指导角色或机器人进行路径规划，帮助它们在复杂的环境中找到从起点到目标点的最短路径。在网络路由器和交换机中，A* 算法也发挥着重要作用，用来寻找数据包从源地址到目标地址的最优路径。

游戏里的 A* 算法会把地图抽象成类似的格子

# 第七章　深邃黑暗的钥匙：加密算法

　　在数字的森林里，加密算法是悄无声息的月光，穿透树梢，却仅仅抚摸那些被选中的叶尖。它以一种几乎是神秘仪式的姿态，将信息编织成一张张无形的网，每个数据包裹着密语，就像夜晚林间的萤火虫，带着秘密的光亮，在黑暗中穿行。

　　加密，是数字世界的诗，每一行代码都像是严格的韵律，每一次运算就像是押韵的尾音，形成一首只能以正确的钥匙才能解读的诗篇。这些古老的密码，就像是藏在古卷中的咒语，它们有着魔法般的力量，能将一切珍贵的思想和私语锁在一个看不见的保险箱里。

　　如果信息是宇宙间飘动的尘埃，那么加密算法就是宇宙学家的手，能够将尘埃凝结成行星，隐藏在深邃的黑暗之中，只有当探测者拥有正确的坐标和地图时，这颗星球才会在望远镜中显露其辉煌。

　　这是一场优雅的舞蹈，是那些数字与字母的华丽转身，是加密与解密的永恒旋律。在这个舞台上，没有观众，只有参与者；每个人都是舞者，也是自己秘密的守护者。加密算法不断变换着舞步，就像河流的涟漪，不停地在岩石的阻拦中寻找新的道路。

　　计算机科学的发展得益于两股推动力，一是人工智能，二是加密算法。

　　什么是加密算法？

　　在这本书的开篇，读者已经学过一个非常完整的加密算法——二进制算法，其本质就是一种加密算法。读者必须知道二进制和十进制是如何换算的，才能够知道二进制对应的十进制数字是什么，否则对于一般人来说，二进制数字看起来就是一串毫无意义的由 0 和 1 组成的字符串。当然，这是一个较为粗糙的加密算法。

　　加密算法中有一套名为柯克霍夫原则（Kerckhoffs' principle）的指导原则。

　　柯克霍夫原则的名字源自 19 世纪末荷兰军官奥古斯特·弗朗西斯·柯克霍夫（Auguste Kerckhoffs）的名字，他在其著名的密码学著作中提出了这一原则。柯克霍夫认为，**一个加密系统的安全性不应取决于系统的设计及其算法的保密性，而应仅仅依赖于密钥的保密性。**

　　这一原则的核心思想在于，密码系统应该是开放的，其设计和运作原理可以被公开知晓，而密钥则是保密的。这意味着，即使攻击者了解加密算法和系统的设计细节，只要密钥保持机密，系统依然能够保持安全。这是因为密钥才是实际的信息安全关键，而不是算法本身。

　　柯克霍夫原则的重要性在于，它推动了密码学领域的透明性和可持续性发展。通过公开加密算法的设计原理，研究人员和安全专家能够对系统进行审计和评估，以发现潜在的漏洞和弱点。这种公开性有助于加强系统的安全性，因为它鼓励了全球范围内的合作和审查。

值得注意的是，柯克霍夫原则强调了密钥管理的关键性。即便算法是公开的，密钥的生成、分发和保护仍然必须是可靠的。否则，即使系统的设计本身是安全的，泄露或破解密钥仍然可能导致信息泄露和数据损害。

时至今日，计算机领域的加密算法依然在遵循这一原则。

最早的加密技术可以追溯到数千年前，揭示了人类对于保护通信隐私的持续关注。据说在古埃及时代，人们就已经开始采用替换密码这一方法，将字母用其他符号代替，从而使得消息变得难以理解。这种方法为信息的传递提供了一定的安全保障，即使消息被截获，也需要解密才能知晓真正内容。但是缺乏实际的例证，而可以找到最早关于加密的例子来自古希腊。

古希腊时期有一种奇怪的加密方法，在当时被称为隐写术。

古希腊学者希罗多德（Herodotos）是公认的世界上最伟大的历史学家之一。他的著作《历史》记录了公元前 5 世纪希腊和波斯之间的战争，这部作品被认为是西方历史学的开山之作。在《历史》的第三卷中，有一个引人注目的故事，它提供了早期隐写术的惊人示例。

当时，米利都的僭主希斯提亚埃乌斯（Histiaeus）因为其反对波斯的立场被囚禁在波斯宫廷中。他渴望与自己的同盟者保持联系，以传递反抗波斯的信息。于是，他采取了一项非常独特的隐写术，以确保他的通信不会被波斯当局察觉。

希斯提亚埃乌斯命令他的仆人将头发全部剃光，然后将准备好的反抗计划写在仆人的头皮上。这些信息被小心地刻在仆人的头皮上，然后等待仆人的头发重新生长。一旦头发重新长出，这名特使便被派遣前往留守在米利都的同盟者阿里斯塔格拉斯（Aristagoras）的军营。

仆人顺利抵达目的地后，他向阿里斯塔格拉斯解释了这一独特的信息传递方式。然后，他将头发再次剃光，揭示出隐藏在头皮上的信息。

在古希腊，还有另外一种更为简单且便于执行的针刺加密法，通过在一个看似普通的文本中加入微小的标记来传递秘密信息。这种方法利用了人们在扫视大量文本时可能忽略的微小细节。古希腊历史学家伊尼厄斯（Aeneas）提出的这种方法可以说是非常巧妙的。收信人知道要寻找哪些标记，并可以轻松解读出隐藏的消息。而对于不知情的人来说，他们可能会完全忽略这些几乎看不见的针孔，从而错过其中隐藏的信息。这种加密方式不仅巧妙，而且在当时的技术和资源条件下，是相对容易实施的，但它同时也暴露出了一个弱点：一旦秘密方法被揭露，这种加密方式就会容易被识破。

而在古希腊时期，有一种更为知名的加密方法：当时斯巴达将军们采用了一种特殊的工具——"斯巴达纸带"来保护通信内容。他们将消息写在纸带上，然后将纸带绕在一种特殊的棒上，以防止他人轻易解读消息。这种方法在当时的战争和情报传递中被广泛使用，为消息的保密性提供了一定的保障。

斯巴达纸带

　　这些古老的加密技术虽然简单，但为人们保护通信内容的隐私起到了一定作用。

　　在古罗马历史上，恺撒（Julius Caesar）是一位极具影响力的政治家和军事统帅，他的名字不仅代表了一段重要的历史时期，还标志着罗马共和国向罗马帝国的转变。恺撒生于公元前 100 年，是一个拥有贵族血统的尤利乌斯家族成员，而他的早年生活预示了他未来的伟大。

　　在恺撒统治下的罗马帝国时期，加密技术继续发展，其广泛使用一种叫作恺撒密码的加密方法。该加密方法最早由历史学家苏维托尼乌斯（Suetonius）在他的著作《罗马十二帝王传》（*The Twelve Caesars*）中提及，说是恺撒使用这个方法给自己的私人信件加密。

　　恺撒密码使用了简单的替换密码方法。这种加密技术采用了相对简单的原则：按照固定数量的字母偏移进行替换。这意味着在恺撒密码中，每个字母都会按照预定的位移量进行替换，例如，如果位移量为 3，那么字母 A 就会被替换为字母 D，字母 B 会变成字母 E，依此类推。

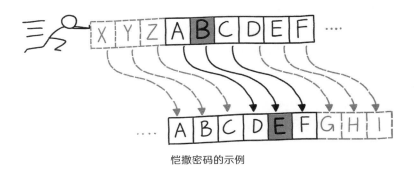

恺撒密码的示例

如果你们喜欢电影，大概看过《2001 太空漫游》(*2001: A Space Odyssey*)。这是一部于 1968 年上映的科幻电影，由导演斯坦利·库布里克（Stanley Kubrick）执导，由亚瑟·克拉克（Arthur C. Clarke）的同名小说改编而成，堪称是科幻电影史上的巅峰之作，其以深刻的哲学内涵、视觉效果和音乐成就而广受赞誉。

电影以独特的视觉方式开篇，展示了史前时代的猿人以及一个神秘的黑色矩形物体，这个物体似乎启发了猿人们的智慧，让他们学会使用工具。这个开场镜头代表着人类文明的起源和进化。之后，电影跳跃到了未来的 2001 年，讲述了一次深空任务，一艘名为"发现号"的宇宙飞船前往木星。飞船上的船员包括了戴夫·鲍曼（Dave Bowman）和弗兰克·普尔（Frank Poole），以及电脑 HAL 9000——被视为具有人工智能的高级计算机。

而 HAL 9000 的名字其实包含了一个彩蛋，只要把 HAL 三个字母各往后位移一位就变成了 IBM。而当时 IBM 已经成为世界上最主要的商用计算机生产公司，人们都相信 IBM 早晚可以造出拥有人工智能的电脑。

恺撒密码的应用相当直观和易于理解。发送者和接收者只需要事先约定好位移量，然后对原始文本进行相应的位移，就能够实现加密和解密。尽管恺撒密码相对简单，但在当时的通信中却提供了一定程度的安全性，因为未经解密的密文并不容易被破译。

然而，随着时间的推移，人们逐渐意识到恺撒密码的弱点，尤其是在应对更复杂的攻击和解密方法时。虽然恺撒密码并不足以抵御一些更高级的破解技术，但它标志着加密技术在历史上的一次重要发展，为后来更复杂的加密方法奠定了基础。

在 15 世纪的欧洲，密码术逐渐崭露头角，得到蓬勃发展。在这个时代，乔瓦尼·索罗（Giovanni Soro）被尊称为欧洲的密码大师。1506 年，他受聘于威尼斯，成为专职的密码秘书，此职责无异于现代的首席密码分析师。

索罗的才华和成就让他在意大利乃至欧洲都享有盛誉。许多国家和城邦，一旦遇到解不开的密码难题，都会把情报送到威尼斯，请求索罗的帮助。就连梵蒂冈 —— 当时的密码研究重镇 —— 也不时地寻求索罗的协助。

1526 年，教皇克莱门特七世遇到了两条他无法解读的加密消息，他决定寻求索罗的帮助。没多久，索罗就将这两条消息的原文完整无缺地交还给了教皇。在另一次事件中，当教皇担心他的加密信息被佛罗伦萨的敌对势力截获时，他决定向索罗验证其消息的加密强度。索罗经过仔细分析后告诉教皇，他无法解开这条消息，意味着佛罗伦萨的密码专家也无法破译。

在英国有一个更广为人知的关于密码的故事。

在欧洲历史的长河中，很少有女性统治者像苏格兰的玛丽女王那样引起了如此广泛的关注。她的一生充满了戏剧性的情节，包括权力、背叛、爱情和阴谋。而其中，一段与密码破译紧密相关的故事为她的命运带来了重大转折。

玛丽女王是苏格兰的统治者，但她的统治遭受了多次挑战。在一段时间内，玛丽被其堂弟，即反对者詹姆斯·爱德华（James Edward）的部队所监禁，后来她被迫逃往英格兰寻求表亲——英格兰女王伊丽莎白一世的庇护。但伊丽莎白对玛丽持有疑忌态度，于是在不久后，玛丽被软禁于英格兰的多座城堡和庄园中，时间长达19年。

在软禁期间，玛丽参与了一系列的阴谋，试图重新夺回她失去的权力，甚至企图篡夺英格兰的王位。为了与外界秘密交流，她采用了一种复杂的密码，即所谓的"玛丽密码"。这个密码系统包括了符号、数字和希腊字母，用以隐藏她的真实信息。

然而，伊丽莎白一世的情报部门已经对玛丽进行了严密的监视。特别是当她开始与英格兰的天主教徒反对者秘密通信时，她的密信引起了特别注意。这时，玛丽的命运与一名叫作托马斯·菲利普斯的密码专家相交汇。

托马斯·菲利普斯是为伊丽莎白提供情报服务的顶尖密码破译者。在接到任务后，他很快就成功破解了玛丽的密文，从而揭露了一个计划暗杀伊丽莎白、将玛丽安置在英格兰王位上的阴谋。这被称为"巴宾顿阴谋"。

破译成功后，伊丽莎白的顾问们提供了充足的证据，证明玛丽与这个阴谋有关。尽管伊丽莎白曾经对玛丽持有某种同情，但在这种情况下，她不得不采取行动。在经过了一系列的审讯和法庭程序后，玛丽女王在 1587 年被判处死刑。

在 15 世纪的欧洲，随着密码学的进步，密码的复杂度也在持续增加。当时的密码学家为了应对频率分析法这种破解技术，想出了使用"噪声"来增加密码的难度。

频率分析法基于一个简单的原则：每种语言中的某些字母或字符组合出现的频率是固定的。例如，在英文中，"E"是最常出现的字母，而"Q"后面经常会跟着"U"。密码破译者会利用这些模式，对加密信息进行解密。

为了打破这种模式，密码学家引入了"噪声"，这些字符或数字在加密信息中没有实际意义，其目的只是干扰和误导破译者。例如，如果我们决定使用 1 到 100 之间的数字来加密 26 个字母，那么我们可以随机选择 26 个数字作为代表字母的代码，而其他的 74 个数字则可作为"噪声"散布在整个加密信息中。

当接收方收到这样的信息时，只需简单地忽略这些"噪声"，就能轻松地读取原始信息。但对于那些试图破译这种密码的人来说，这些"噪声"增加了破译的困难，因为它们打乱了原本的频率分析。

此外还有另外一种相似的方法 —— 同音替代式密码法。

同音替代式密码法是一个试图模糊和消除常见语言中的字母频率特点的加密方法。传统的简单替代式密码容易受到频率分析的攻击，因为每个明文字母只对应一个密文字符。这意味着，在英语中最常见的字母（如"e"）在密文中也将频繁出现，由此攻击者可以基于这种统计规律来破解密码。

但是，使用同音替代式密码，一个明文字母可以有多个可能的密文字符作为其替代。这样，一个常见的字母（如"a"）可能由许多不同的符号来表示，这使得其在密文中的分布更均匀，更难以区分。

为了实施这种加密方法，首先要创建一个密码表，该表根据每个字母的频率给出多个可能的替代字符。在加密过程中，每次遇到一个明文字符，就从其对应的替代字符集中随机选择一个字符作为替代。这种方法确实增加了加密的复杂性并抵御了直接的频率分析攻击。然而，对于长的密文，还是可能利用更复杂的统计方法、已知的明文片段或其他密码攻击来破解它。

16 世纪到 18 世纪是密码学发展的重要阶段，这门科学逐渐发展为独立的学科领域。在这个时期，人们提出了许多复杂的加密方法，试图提高通信的保密性和安全性。其中，维吉尼亚密码（Chiffre de Vigenère）是一种引人注目的加密方法，它使用了关键词来进行字母替换，以实现加密的效果。不同的关键词可以用于不同的字母，从而增加了加密的复杂性。维吉尼亚密码的工作原理是将明文中的字母按照关键词中的字母进行位移。每个字母都与关键词中的对应字母相匹配，通过位移来产生密文。这种方法相较于简单的恺撒密码更为复杂，因为每个字母都有不同的位移，增加了破解的难度。

我们举一个例子，明文为 HELLO，关键词为 KEY。

首先，我们将关键词重复，使其长度与明文一样长：

- H E L L O
- K E Y K E

接下来，我们将两行中的每一对字母转换为字母表中的位置（A=0, B=1,……, Z=25），然后将它们相加。如果结果超过 25，就从头开始计数。

- H(7) + K(10) = 17
- E(4) + E(4) = 8
- L(11) + Y(24) = 35（超过了 25，所以从头开始计数：35 – 26 = 9)
- L(11) + K(10) = 21
- O(14) + E(4) = 18

将相加的结果转换回字母：

- 17 = R
- 8 = I
- 9 = J
- 21 = V
- 18 = S

加密后的文本：RIJVS。

解密过程与加密过程相似，但需要将加密后的字母位置减去关键词的字母位置，如果结果为负数，则加上 26。这样我们就可以得到原始的明文信息。

维吉尼亚密码的起源可以追溯到古罗马时期，但它真正流传并被广泛使用是在文艺复兴时期的欧洲。这种密码的命名源于一个名叫布莱斯·德·维吉尼亚（Blaise De Vigenère）的法国外交官，他在 16 世纪的时候，写了一本关于密码技术的书，其中详细介绍了这种加密方法。而这本书正好成书于玛丽女王阴谋被发现的 1586 年，假如女王早一点看到这本书，可能她的阴谋也不会被发现。

然而，正如历史上的大多数密码方法，维吉尼亚密码终究还是被破解了。

19 世纪，一个名为弗里德里希·卡西斯基的普鲁士军官利用了密文中字符的统计规律，成功地找到了一种破解维吉尼亚密码的方法。尽管维吉尼亚密码在当时看来相对安全，但它的密钥空间仍然有限，这使得攻击者有可能通过穷举法尝试不同的关键词来破解密文。

另外，维吉尼亚密码还被另一位杰出的数学家破译过。这位数学家就是我们多次提到的查尔斯·巴贝奇。大约在 1854 年，巴贝奇成功地解开了维吉尼亚密码的秘密。但由于他并没有公开他的研究成果，导致这项伟大成就一直为人所不知。直到 20 世纪，当学者们深入研究巴贝奇的众多笔记时，这一发现才得以曝光。

随着密码分析技术的不断发展，人们逐渐认识到维吉尼亚密码以及类似的替换方法存在的弱点，需要更加复杂和强大的加密技术来应对不断增长的破解挑战。但直到 20 世纪初，这种密码在军事和外交领域仍然得到了广泛的使用。

在 1851 年，欧洲制定了一种统一的莫尔斯电码标准，并在整个欧洲广泛使用。但莫尔斯电码不是真正的密码，因为它是表达信息，而不是隐藏它。由于电报必须由电报员发送，因此电报员有机会读取所有发送的信息，这引发了许多隐私泄露问题。为了确保信息的私密性，许多人在将电报交给电报员之前都会进行加密。这种方法不仅防止了电报员窥视信息，还阻止了潜在的电报线路窃听者获取私密数据。尽管这可能导致传输时间增长并增加费用。莫尔斯电码操作员通常可以快速发送，达到每分钟 35 个单词的速度，因为他们可以一边记忆整句内容，一边发送。但是，当遇到一长串看似无意义的密码文时，他们需要多次回顾原始消息，这显然会减慢他们的发送速度。

电报的普及不仅提高了密码学在商业中的地位，还激发了公众对其的好奇心。这在一些文学作品中也有体现，《基督山伯爵》是法国作家大仲马的一部长篇小说，讲述了一个名为爱德蒙·唐太斯的青年被背叛并关入地牢，最终逃脱并以桑道夫伯爵的身份复仇的故事。在他被关入地牢期间，爱德蒙结识了一名充满智慧的老囚犯法利亚。法利亚拥有一份关于蒙特克里斯托岛宝藏的地图，但这份地图也隐藏着密码。法利亚对爱德蒙传授了很多知识，包括如何破译这个密码。经过深入的研究和多次尝试，爱德蒙成功地解开了这个密码，并找到了那笔巨大的财富。这笔财富不仅为他提供了改变命运的机会，更为他的复仇大计提供了资源。

20 世纪的两次世界大战极大地推动了密码学的发展，战争中的通信保密需求催生了许多创新的加密技术。

一战时期，世界卷入了一场空前规模的冲突，各国为了获取情报和战略优势，采用了各种手段来实现他们的目标。在这个背景下，发生了一起备受瞩目的国际间谍事件，即齐默尔曼电报事件（Zimmermann Telegram）。

这一事件发生在 1917 年，正值第一次世界大战的激烈时期。德国正在与英国、法国等国激战，而美国则保持中立地位。然而，德国政府希望阻止美国对协约国的援助，以保持自身的优势。

正是在这个背景下，德国外交部长阿尔弗雷德·冯·齐默尔曼（Alfred von Zimmermann）派发了一份秘密电报，其中包含了一项危险的提案。电报的内容涉及德国寻求与墨西哥建立一个反美联盟的计划。具体而言，德国向墨西哥承诺，如果墨西哥同意向美国宣战，他们将在战争结束后帮助墨西哥夺回失去的领土，包括得克萨斯、新墨西哥和亚利桑那等地。

然而，这份电报最终酿成了一个重大的情报疏失。英国情报机构在其通信线路中拦截到了这封电报，他们随后将其交给美国政府。这个时机非常关键，因为美国政府正对是否加入战争犹豫不决。

当这份电报被公之于众时，引发了美国国内的巨大轰动。美国民众感到愤怒和震惊，因为德国企图利用墨西哥对抗美国，这被视为对美国的挑战。这个事件被视为美国正式加入第一次世界大战的导火索。

1917 年，美国对德国宣战，成为协约国成员，对包括德国在内的同盟国发动了军事行动。美国的介入对于一战的格局产生了深远影响，最终帮助协约国战胜了同盟国。齐默尔曼电报事件成为一战历史上一个重要的转折点，揭示了情报战的重要性和国际关系的复杂性。也是在这个事件后，军事领域开始重视加密情报的工作。

第二次世界大战期间，密码学成为敌对国家之间信息战的关键领域。

德国有一个名为哥廷根的小城，这里一度是世界数学的中心，包括高斯和黎曼都曾在这里工作。而战前的哥廷根更是群星闪耀，其中最主要的两位数学家是大卫·希尔伯特（David Hilbert）和费利克斯·克莱因（Felix Klein）。

大卫·希尔伯特于 1862 年 1 月 23 日出生在德国的康斯坦茨小镇。他在耶拿大学和哥廷根大学学习数学，并在极其年轻的时候就展现出非凡的数学才能。希尔伯特早年的研究兴趣主要集中在代数数论和不变量理论方面，这为他未来的工作奠定了坚实的基础。

在希尔伯特的研究生涯中，最著名的贡献之一是他对数学基础的重大贡献。他提出了一系列问题，这些问题后来被称为希尔伯特的 23 个问题，旨在推动数学的发展。其中最著名的问题之一是康托尔连续统假设，它引领了集合论的发展，并且对整个数学体系的稳固性提出了重要挑战。希尔伯特还对数学逻辑作出了杰出贡献，他的公理化方法使得数学的推理更加清晰和精确。他提出了希尔伯特空间的概念，这在分析学中扮演了关键角色。他的工作为数学家提供了一种完善的推理体系，使数学更具严谨性。

而费利克斯·克莱因于 1849 年出生在巴登大公国的代尔斯海姆（Dörrenzimmern），同样从小展现出对数学的浓厚兴趣。他在哥廷根大学和慕尼黑大学学习，获得了数学博士学位，这标志着他杰出数学家之路的开端。

克莱因的最伟大的贡献之一是对非欧几何学的深刻研究。他承袭了伯恩哈德·黎曼的思想，并进一步发展了黎曼几何，将其应用到实际问题中。除了在几何学中的卓越成就，克莱因还在群论和拓扑学等领域作出了杰出贡献。他提出了著名的"克莱因瓶"，这是拓扑学中的一个经典概念，描述了一种具有非常特殊性质的拓扑空间。他还是群论的重要思想家，为抽象代数的发展提供了重要的线索。

这两人日后都影响过爱因斯坦。爱因斯坦继承了克莱因在非欧几何方面的研究，而希尔伯特对爱因斯坦的冲击更大一点，现在媒体调侃的"爱因斯坦数学不好"这句话就是希尔伯特说的。

当时，这两人共同掌握了哥廷根大学的数学系，冯·诺伊曼当时也在这里学习。

所有人都认为，当时的哥廷根大学足以冲击巴黎在数学界的话语权，但这个希望落空了，伴随着希特勒的上台，一切都变坏了。

当时的德国数学界被迫站队，要么支持希特勒的政权，要么只能远走他乡，甚至对于土生土长的德国人希尔伯特也是如此。他当时甚至两次被质疑是犹太人，第一次是因为他的名字大卫是犹太人的常用名，第二次则是因为他生病的时候，接受过犹太裔数学家柯郎的输血。

希尔伯特并没有离开，于 1943 年病死在自己工作了 48 年的哥廷根。他的晚年生活极为孤独，因为他的大部分学生、同事和好友，都前往了美国，其中最优秀的那几个人都去了本书里提到过很多次的普林斯顿。德国错失计算机产业的发展，很大程度上就是源自对犹太学者的排斥，而德国的战败也与此有关。

1919 年，在数学领域享有盛誉的波兰数学家谢尔宾斯基和他的同事利马苏基耶维茨（Stefan Mazurkiewicz）受到波兰军方的邀请，成功破译了苏联的密码系统。这一重大突破使波兰政府意识到数学家在密码学中的重要性，并决定开展一系列针对数学家的密码破译培训。

1929 年 1 月，在波兰波兹南大学的数学系中，一批年轻有为的 20 多岁大学生和研究生被精挑细选出来。他们在庄重的氛围中宣誓保密，然后开始了他们的密码学之旅。选择在波兹南进行这个项目是出于战略考虑，由于其曾经被德国统治的历史背景，那里的人们普遍能讲一口流利的德语，对于破译与德国相关的密码非常有帮助。

这群学生每周都要在深夜进行两次严格的课程学习。随着时间的推进，他们面对的挑战也越来越严峻。开始，他们需要破译简单的编码，但很快，难度开始逐步增大。对于那些未能跟上课程进度或不能成功破译密码的学生，教育部门作出了决定，让他们退出这项培训。经过层层筛选，最终只有 3 位出类拔萃的学生脱颖而出。他们是马里安·雷耶夫斯基（Marian Rcjcwski）、亨里克·齐加尔斯基（Henryk Zygalski）和耶日·鲁日茨基（Jcrzy Rzycki）。

在 20 世纪初，随着无线电通信技术的崛起，保密成为军事和外交领域的首要任务。其中，德军所采用的通信工具是一台被称为恩尼格玛（Enigma）的加密机器。这台机器配备了一个带有字母的键盘，当按下某个特定的字母键后，一个小窗口会显示出相应的字母，即原文字母的加密版本。当整段文本完成加密后，它会通过普通的无线电报方式发送出去。指定的接收方会在另一台恩尼格玛密码机上输入加密后的文字，从而还原出原始信息。

恩尼格玛密码机起源于第一次世界大战后的 20 世纪 20 年代。最初是为商业保密通信设计的，但德国军队很快就认识到了它在军事通信中的潜在价值。此机器的工作原理相对简单，但其加密能力却相当强大。当一名操作员按下键盘上的某个字母时，电流会流经一系列转子并点亮另一个与其不同的字母。随着转子的旋转，同一字母的输入可能导致不同的输出，从而使得密码的破译变得异常困难。

恩尼格玛密码机的复杂性不仅仅在于其转子。这款密码机还配有一个可置换的插板，可以进一步打乱字母的输出顺序。更重要的是，操作员可以每天或更频繁地改变其设置，使得即使敌人得到了某一天的所有加密信息，他们也只能试图破解那一天的代码。

雷耶夫斯基，这位天赋异禀的密码学家，出生在比得哥什。他的家族在当地享有盛名，主要是因为他们是当地的烟草商人。比得哥什在 1772 年被普鲁士德国侵占，而直到 1919 年，随着德国在第一次世界大战中的失败，这座古城才重新回归波兰的怀抱。

在德国占领期间，雷耶夫斯基接受了德国式的基础教育，进入了德国人管理的学校。这样的背景让他对德语有了深厚的了解，无疑为他未来在密码学领域的成就打下了坚实的基础。1923 年，他成功从高中毕业，并顺利考入波兹南大学的数学系。6 年后，他以出色的成绩获得了硕士学位。

学成归来后，雷耶夫斯基决定进一步深造，前往德国著名的哥廷根大学学习，其间深受其严谨的学术风气的影响。1930 年夏天，他带着新的知识和经验回到波兹南大学，开始了双线生活：在大学里为学生授课，同时也为密码局效力。

1932 年夏天，命运的齿轮再次转动，雷耶夫斯基与齐加尔斯基、鲁日茨基一起正式成为密码局的成员。不久之后，密码局的领导决定将一项具有挑战性的任务交给他：破译恩尼格玛密码机所产生的新密码。凭借他出众的数学才华和对德语的熟悉，这位年轻才子在短短几周内就取得了令人震惊的突破，再次证明了他在密码学领域的非凡能力。

当然，波兰人的顺利也有德国人的帮助。

汉斯 – 提罗·施密特（Hans–Thilo Schimdt）是一位名声显赫的德国情报官员，作为德国通信部密码处的负责人，手握众多重要的机密资料。但是，他的生活并不像人们想象中那样风光。面对经济上的压力，他决定赌一把命运，利用手中的权力和资源来为自己赚取利益。

1931 年 11 月 8 日，一个寒冷的日子，施密特背叛了自己的祖国。他携带了一份关于恩尼格玛密码机的机密文件，找到法国情报机关，意图出售这份情报。对于施密特来说，这是一个冒险的选择，但他赌的是自己的生命和荣誉。经过一系列的隐秘交易，他赚取了 1 万马克的酬劳。

然而，对于法国来说，这份情报并不像他们想象的那样宝贵。当时的法国情报机关认为恩尼格玛密码机几乎是不可破解的，因此，他们并未对这份资料给予足够的重视。最终，这份看似无价之宝的情报，作为一种友情的表示，被送给了波兰。这无意中的礼物，为波兰的密码学家们开启了一个新的历史篇章。

从 1933 年开始，被誉为"波兰三杰"的雷耶夫斯基、齐加尔斯基和鲁日茨基，运用他们在数学领域的深厚积累，特别是他们对置换矩阵方程式的深入研究，开始对恩尼格玛密码进行破解。这是一个前所未有的突破。德国军方对恩尼格玛密码机的加密技术非常自信，他们认为这台机器编出的密码是无法被解码的。然而，这三位波兰数学家用事实证明他们错了。

波兰三杰在面对恩尼格玛密码机的改动时，展现出了令人敬畏的决心和才智。他们并不满足于手工破译，而是决定利用机械来助力加速解密过程。在对恩尼格玛密码机进行细致研究后，他们找到了转子的变化规律，这个发现为他们提供了突破口。

为了自动化验证所有可能的转子方向，他们设计并制造了一台机器，可以自动遍历和检验所有的转子组合。恩尼格玛密码机总共有 17576 个可能的转子组合，意味着机器需要在非常短的时间内完成数以万计的计算。

然而，波兰三杰并没有止步于此。他们进一步扩大了其机械的规模，制造出了 6 台这样的机器，并将它们整合为一台巨大的计算机器，这台机器不仅有惊人的计算能力，而且能够在短短 2 个小时内完成对当日密钥的解密。为了突显这台机器的力量和他们对破译任务的决心，波兰三杰给它起了一个震撼且具有挑战性的名字——"炸弹"（Bombe）。

但德国情报部门并不是那么容易被击败的对手。他们很快察觉到了密码被破解的情况，并开始对恩尼格玛密码机进行细微的改动，特别是转子的连线。这些改动使得恩尼格玛密码机密码的结构发生了变化，给破译带来了新的困难。

然而，波兰并未放弃，而是选择与其盟友共享秘密。1939年，波兰的代表与英国、法国的情报官员会晤，他们向盟友展示了自己的破解方法。英国对此表示高度赞赏，并且给他们想了一个办法。

在英国的一处宁静乡村之中，隐藏着二战中最为重要的密码破译基地——布莱切利园。这里的工作人员在战争中的努力对盟军的最终胜利发挥了不可估量的作用。在浓厚的历史迷雾中，布莱切利园的故事逐渐浮出水面，成为战争史中最为精彩的篇章之一。

布莱切利园位于伦敦北部，原本是一座平和的乡间别墅。但伴随着波兰人破译恩尼格玛密码机失败，英国人在这里建立了一个基地，并且招募了英国最好的数学家。在当时，那里聚集了一支由学术界精英组成的团队，他们正竭尽全力解读德军力图掩盖的情报。直至战争结束，庄园内大约居住着 1.2 万名从事密码破解和信息分析等各个领域工作的专家。

诺克斯（Alfred Dillwyn Knox），这位在密码学历史上有着重要地位的人物，正是布莱切利园的密码解码团队中最早尝试破解恩尼格玛密码机的核心人物。他那乌黑的鬓发、深邃的眼睛、经常沉浸在思考中的形象，让人们对他的尊敬掺杂着一丝畏惧。在第一次世界大战中，他所领导的团队成功破译了多种德国密码，为英国的胜利作出了不可估量的贡献。

但是，恩尼格玛密码机给他带来的挑战远远超出了他的想象。这是一个巧妙至极的密码设备，每一天都可以生成数十亿种不同的密码组合，使德军的电文变得几乎不可能被破译。诺克斯当初面对这样的机器，无疑是深感无力。

好在波兰密码局的研究，为诺克斯和他的团队提供了新的思路。那次历史性的会晤，不仅是波兰向英国传递了技术，更是为后续的解密工作注入了新的活力。诺克斯得到的恩尼格玛密码机复制品及破解方法，是他重要的工作基础。

尽管他的天赋和经验得到了充分的展现，破译了意大利和德国部分军事部门的恩尼格玛密码机，但那个最关键的、被德国最高层使用的恩尼格玛密码机，仍然是一个无法突破的难题。这也成为布莱切利园后续破译工作的焦点，吸引了一批又一批的数学天才、工程师和密码学家。

讲到这段历史，我们又得提到一个熟人的故事了。

1938 年的夏天，阿兰·图灵重返剑桥。虽然战争尚未在英国爆发，但他受邀参与了解密德国军队通信密码的任务。不仅仅是图灵，当时的众多数学家都或被迫或自愿加入解密工作的浪潮中。

1939 年 9 月 1 日，德军入侵波兰，仅几日后，英国和法国按照他们的承诺向德国宣战。在这战火即将燃起的时刻，图灵向布莱切利园提交了汇报。

图灵在布莱切利园遇到了一位年轻的数学家琼·克拉克（Joan Clarke），并与她建立了亲密的友情。渐渐地，他发现自己对她产生了深刻的情感，并向她求婚。琼·克拉克也欣然接受了求婚。图灵并没有隐瞒自己的同性恋性取向，而琼·克拉克也表现出了对这个事实的理解和接受。尽管如此，图灵最终还是决定放弃这段婚姻。

这时的图灵，脑子里都是恩尼格玛密码机。

恩尼格玛密码机的复杂性在于其每天都会改变加密设置，这使得破译者几乎不可能手动解码其信息。但图灵深知，尽管这个任务具有挑战性，但并非无法完成。为了加速破译过程，他提出了一个设想：制造一台机器来模拟恩尼格玛密码机的操作，并自动搜索其每日设置。

这个设想最终促进了名为"炸弹"的机器的诞生。尽管其名字与波兰密码学家早期研发的机器相似，但图灵的设计在原理和实用性上有所不同。"炸弹"的设计目标是检测恩尼格玛密码机的设置，通过大量的并行操作快速消除不可能的配置选项，最终找到正确的密码设置。

在图灵和他的团队的努力下，多台"炸弹"机器被建造并投入使用。这些机器每天工作，检查数十亿种可能的恩尼格玛密码机设置，直到找到正确答案。有了"炸弹"的帮助，英国情报人员能够解读德军的加密消息，从而获得战略上的重要情报。

这些情报为盟军带来了巨大的优势，使其在多个战场上取得胜利。例如，盟军得知了德军的 U 型潜艇部署和战略，从而使得大西洋的战斗发生了巨大的转变。

当然这背后也有英国军方的鼎力相助。

布莱切利园的团队深知恩尼格玛密码机的复杂性，因此他们采用了各种策略来简化解密任务。通过制造事件来引导德军发送含有已知词汇的电文是策略之一。例如，英军可能会在某地区投放飞机，引发德军的防空报警，并让德军在电文中提及"飞机"。这样，解密者就知道该电文中可能包含"飞机"这个词，为他们的破译工作提供了一个方向。

这种策略被称为种花，是布莱切利园密码破解团队的一种巧妙策略。它基于一个简单的原理：**如果你知道电文的部分内容，或者至少知道其中可能包含的某些词汇，那么破译整个电文会变得更容易。**

这种策略在密码学中被称为"已知明文攻击"。在此情况下，攻击者知道密文中的某些部分（或全部）对应的明文，为破译者提供了一个出发点，可以验证他们的猜测是否正确，并有助于他们更快地找到正确的密钥。

这种策略的成功，不仅仅基于先进的技术手段，还需要密集的战略计划和跨部门的合作。它也显示了破译恩尼格玛密码机不只是纯粹的数学和技术问题，还涉及战略和人为干预的层面。这使得二战期间的密码战争显得异常扣人心弦，有兴趣的读者可以寻找专门讲述这段故事的书籍阅读。

图灵的工作也没有就此结束。

进入 20 世纪 30 年代，大多数美国人和欧洲人已经享受到了收音机的普及。然而，在那个时代，随着电子技术的逐渐演进，收音机内部依然充斥着大量的真空管。这些真空管的引入开启了一场科技革命，因为它们能够实现以前需要依赖电子继电器完成的逻辑运算。真空管内的电子迅速穿越，拥有近乎光速的速度，与之形成鲜明对比的是继电器，它们依赖机械运动，速度相对较慢。

这种真空管技术不仅广泛应用于收音机，还被引入通信领域，特别是电话交换系统。正是在这个激动人心的背景下，阿兰·图灵与电子计算机领域的先驱之一——杰出的工程师汤米·弗劳尔斯（Tommy Flowers）建立了紧密的联系。在纽曼等导师的指导下，他们不懈努力，最终成功打造出了一台被誉为巨像（Colossus）的机器。这台机器堪称工程学的奇迹，集成了数量惊人的 1500 多根真空管，它是当时科技界的壮丽杰作，也被认为是电子计算机领域的崭新起点。

巨像也作出了它应有的贡献，成为英国军方真正的秘密武器。

随着二战结束，布莱切利园中隐藏的英雄们淡出了公众的记忆。英国的决策者决定，为了国家安全，必须将此事长久保密。这使得布莱切利园的工作人员，虽然为国家作出巨大贡献，但却不能分享他们的成功。机密的代价是沉重的。那些为解密付出努力的工作人员，回到家后，面临着公众的误解和质疑。在大多数人眼里，他们在战争期间似乎并没有为国家作出明显的贡献。

而图灵，这位英雄也在战后不久因其同性恋身份而受到迫害和嘲讽，遭受无尽的痛苦。

波兰三杰的日子也不好过。在战争的阴霾笼罩下，波兰密码局面临前所未有的挑战。他们为了保护国家机密，选择焚烧了所有的加密设备和重要资料，并及时撤离至罗马尼亚的首都布加勒斯特。在那段混乱的日子里，雷耶夫斯基、齐加尔斯基和鲁日茨基并未选择放弃，他们继续在异国他乡坚守岗位。

但是，波兰的命运已经被封存。首都华沙在经历了顽强的抵抗后，最终在 1939 年 9 月 28 日沦陷。不久，这三位天才数学家走到了法国巴黎，并投身于法国的情报机构，继续他们的密码破译工作。

然而，历史的车轮不会因任何人而停止。当 1940 年 6 月，法国投降德国之后，他们再次被迫撤退，这次选择阿尔及利亚作为暂时的庇护所。但即便在那里，他们也并没有放弃他们的职责。他们为"卡迪斯"这一盟军的地下无线电情报站提供了重要的技术支持。

可惜，命运对他们并不友善。1942 年 1 月，鲁日茨基遭遇了一次不幸的事故，他在返回卡迪斯的途中，与他乘坐的客轮一同沉入了大海。

仅过了数月，由于担忧被德军发现，卡迪斯无线电情报站被迫解散。在这一连串的逃亡和转移中，雷耶夫斯基和齐加尔斯基两人不仅遭受了多次的抢劫，陷入困境，还在西班牙和葡萄牙受到了短暂的监禁。

但是，他们的决心和毅力使他们成功抵达英国。在那里，他们加入了波兰军队，并继续为盟军提供密码破译的帮助，特别是对德国党卫队和其他保安机关使用的手工密码进行破解。他们的这一战斗持续到了二战结束，为盟军的最终胜利作出了巨大的贡献。

1946 年的冬天，当雷耶夫斯基重新踏入波兰的土地，那一刻可能产生了喜悦感、归属感，但也有隐隐的担忧。多年的战乱让他深知家庭的重要，因此，他放弃了昔日的学术生涯，而选择了在比得哥什市的电缆厂务实地工作，以保障家人的稳定生活。

尽管雷耶夫斯基在战争期间所作的贡献是巨大的，但在"冷战"的背景下，他过去的历史成为一个敏感的话题。对于这段历史，他选择了沉默，但这并未使他免受政府的打压。曾经的英雄，现在却沦为了一名记账员，直到 1967 年退休。

而齐加尔斯基则选择留在了英国，为了避开祖国复杂的政治环境。他在巴特尔西技术学院继续他的教职生涯，继续传授知识，直到 1978 年在普利茅茨与世长辞。

美国在解码战场上也作出了相应的巨大努力。1942 年，

美国海军与国家收银机公司（National Cash Register Company,
NCR）合作，创建了海军计算设备实验室，以制造可以破译恩
尼格玛密码机的设备。实验室的技术引导在 NCR 的杰出工程
师德什（Joseph Desch）的带领下进行。

德什的团队为这项艰巨的任务投入了大量的精力。在
1942 年底，英国的密码专家图灵访问了美国密码局。尽管他
初步对德什设计的解密设备表示怀疑，但在次年的 5 月，德什
团队展示了他们的进展——两台分别名为"亚当"和"夏娃"
的原型机。这两台机器被设计用来破译恩尼格玛密码机，但初
步的结果并不总是稳定的。最后美军一共造了 121 台机器，靠
着 3000 多人维护，才保证了自己的密码破译系统正常运作。

在太平洋战争期间，美军的密码解码团队也在密码战中
起到了至关重要的作用。日本军方依赖于一种名为"紫色"
（Purple）的加密设备，确信其加密程度之高使其成为不可破
解的工具。这样的信心是由日本著名数学家高木贞治加固的，
他经过审查后相信这台机器的密码几乎是无法破解的。

但是，与这一预期相反，美国的解码师展现出了惊人
的才华和技能。经过精密和细致的工作，他们成功地解码了
"紫色"机器所加密的信息，使美军得以事先了解和预防日本
的战略和计划。

对恩尼格玛密码机的破解揭示了密码学的重要性，同时
也促使了密码学在战后的快速发展。这个时期出现了更加复
杂的加密技术和密码分析方法，为现代密码学的发展奠定了
基础。

随着计算机的发展，密码学进入了一个全新的时代。

在 20 世纪 70 年代初，计算机领域中的数据安全和隐私问题引起了研究人员的关注。当时，随着计算机通信和信息传输的增多，人们开始意识到需要一种强大且可靠的加密方法来保护敏感信息。

1976 年，美国计算机科学家惠特菲尔德·迪菲（Whitfield Diffie）和赫尔曼（Martin Hellman）提出了一项革命性的想法，该想法彻底改变了加密领域的格局。这个想法就是迪菲 – 赫尔曼（Diffie-Hellman）密钥交换算法，它开创了密码学的新时代。

过去，加密通信往往需要在通信双方之间传递密钥，这本身存在着安全隐患。然而，迪菲和赫尔曼提出了一种全新的思路，允许双方在不直接传递密钥的情况下，完成解密操作。这个算法基于数学原理，利用了数学问题的难解性，使得信息在传输过程中，不容易被中间人截获并破解。

这项算法的核心思想在于，双方可以通过公开的信息和各自的私有信息，生成一对相关联的密钥。这对密钥中的一个可以用于加密，而另一个则用于解密。重要的是，即使攻击者知道公开信息，也无法轻易地从中推断出私有密钥。这种方法消除了直接传递密钥的需求，同时提供了更高的安全性。

迪菲 – 赫尔曼密钥交换算法的出现引发了密码学界的巨大关注，并激发了更多创新思考。人们开始思考如何利用数学原理和抽象概念，构建更强大、更安全的加密机制。这种新型加密方式被称为"非对称加密算法"，它在现代通信和安全领域扮演着至关重要的角色。从此以后，密码学不再仅仅是传统的密钥交换，而是涉及更多数学、计算和信息理论等领域的交叉与创新。

迪菲－赫尔曼密钥交换算法也启发了 RSA 算法的诞生。

罗纳德·李维斯特（Ron Rivest）、阿迪·萨莫尔（Adi Shamir）和伦纳德·阿德曼（Leonard Adleman）是麻省理工学院的研究人员，他们在研究数论和密码学的过程中，发现了一个有趣的数学属性——大素数相乘很容易，但是将其因数分解却异常困难。这个属性在构建一种强大的加密方法时具有强大的应用潜力。

1977 年，三位研究人员共同提出了 RSA 算法，其名字来自三人姓氏的首字母。RSA 算法基于一对密钥，一个用于加密，称为公钥；另一个用于解密，称为私钥。发送者可以使用接收者的公钥来加密信息，而只有拥有私钥的接收者才能解密并读取信息。相反，数字签名可以用私钥生成，只有拥有公钥的人才能验证签名。

尽管 RSA 算法的数学概念相对复杂，但它在实际应用中变得越来越重要。RSA 算法成为非对称加密的先驱，为加密通信、数字签名、数据保护等提供了可靠的解决方案。它的安全性基于数学上的困难性问题，如大素数分解，这使得攻击者难以在合理时间内破解加密数据。

在解释 RSA 算法的原理之前，我们要先理解对称加密和非对称加密。

对称加密和非对称加密是两种不同的加密技术，用于保护数据的安全性。让我为您解释一下这两种加密方式的概念和原理。

对称加密是一种基于相同密钥进行加密和解密的方法。这意味着发送者和接收者都使用同一个密钥来加密和解密数据。在对称加密中，加密密钥需要保密，因为如果密钥暴露，攻击者就能够轻松地解密数据。对称加密的过程可以类比为使用同一把钥匙将信封上锁和打开。这种方法速度快，适用于加密大量数据，但需要解决密钥分发和管理的问题，尤其在分布式环境下。

非对称加密，也称为公钥加密，是一种使用一对密钥（公钥和私钥）进行加密和解密的方法。发送者使用接收者的公钥加密数据，而接收者使用自己的私钥进行解密。公钥可以公开，但私钥必须保密。非对称加密算法可以实现数据的加密和数字签名，以验证数据的来源和完整性。非对称加密的过程就像是使用两把钥匙，其中一个是公开的，另一个是私密的。这种方法较为安全，但由于涉及复杂的数学运算，速度较慢。

对称加密速度快，适用于大数据传输，但需要解决密钥分发问题；非对称加密较为安全，适用于密钥交换、数字签名等场景，但加密速度较慢。实际应用中，常常结合两种加密方式的优点，使用非对称加密来交换对称加密的密钥，从而既保障了安全性又提高了效率。

在讲解 RSA 算法之前，我们还要先搞明白另外一个概念——大素数。

大素数的乘积分解原理是基于一个重要观点，即可以很容易地将两个大素数相乘得到一个非常大的合数，但要将这个合数分解回原始的两个素数却极为困难。这一困难性是建立在现有数学知识上的，目前尚未发现一种高效的方法能够在合理的时间内对大素数的乘积进行分解。

人类研究素数分解的历史非常久远。

古希腊数学家欧几里得在公元前 300 年左右编写了《几何原本》一书，其中就包含了关于素数的初步理论。他定义了素数为只能被 1 和其自身整除的正整数，并且首次证明了素数是无穷的。但是，即便在这样一个初级的研究阶段，素数分解的难度就已经开始显现。欧几里得没有提供一个有效的方法来分解大的合数。

随着数学的发展，中世纪的数学家们对素数分解问题产生了更浓厚的兴趣。但是直到 17 世纪，这个问题才真正得到广泛的关注。当时，数学家费马和梅森都对此进行了研究，并提出了他们的理论。尽管他们的方法在当时被视为是先进的，但对于大的数字，仍然不太适用。

20 世纪初，随着计算机科学的崛起，素数分解问题开始从纯数学研究转向实际应用。计算机为数学家们提供了前所未有的计算能力，使得他们能够尝试分解大数字。然而，尽管有了计算机的帮助，分解大的合数仍然是一个巨大的挑战。

到了 20 世纪 70 年代，素数分解进入了一个全新的领域：密码学。RSA 算法的发明使得素数分解从一个纯粹的数学问题变成了一个关乎国家安全的重要问题。因为 RSA 加密的安全性建立在素数分解的困难性上。换句话说，如果有人能够有效地分解大的合数，那么 RSA 加密就可能被破解。

从那时起，对素数分解的研究掀起了一段全新的热潮。许多研究团队投入了大量的资源来寻找更快、更有效的素数分解方法，其中最有名的当属量子计算机的提出。理论上，一台足够强大的量子计算机能够在多项式时间内分解大的合数，这对于传统计算机来说是不可思议的。

可以说素数分解是现代密码学中非常重要的基础。

RSA 算法就是建立在素数研究上的。

如前文所述，在 RSA 算法中，存在着两个重要的数字，一个是公钥，一个是私钥，可以类比为盒子上的两把钥匙。您将礼物放入盒子中，然后使用朋友的公钥将其锁上。而解锁盒子的这个过程只有您的朋友才能完成，因为只有他拥有与公钥对应的私钥可以打开这个神奇的盒子。即使其他人获得了公钥，也无法解锁盒子，因为只有私钥才能解开它。这样，您可以确保礼物的安全传递，而不用担心被任何未授权的人窥探。

这种方法可以让你在互联网上发送加密的消息，即使信息在网络上被截取，也不会被别人读懂，因为只有收件人有私钥。

好了，我们实际使用 RSA 算法来演示一下怎么加密。

我们先要学习一种不太常见的运算 —— 模运算。模运算（modulus operation，通常缩写为 mod）是一种数学运算，它计算一个数除以另一个数后的余数。这个余数就是模运算的结果。比如 10 mod 3=1。

好了，让我们开始体验加密的流程：

作者想要将消息"wang"发送给读者。同时，作者获取读者的公钥 (n,e)=(323,5)。

首先，将消息"wang"转换为对应的数字，比如"w"对应 23，"a"对应 1，"n"对应 14，"g"对应 7。

对每个数字 m，计算。这里 e=5 是读者的公钥中的指数，n=323 是模数。对于"wang"中的数字，分别计算得到 c 的值。

"w"对应的数字是 23，计算 $c_1 = 23^5 \bmod 323 = 250$。

"a"对应的数字是 1，计算 $c_2 = 1^5 \bmod 323 = 1$。

"n"对应的数字是 14，计算 $c_3 = 14^5 \bmod 323 = 66$。

"g"对应的数字是 7，计算 $c_4 = 7^5 \bmod 323 = 196$。

因此，对于消息"wang"，加密后的数字为 $(c_1,c_2,c_3,c_4) = (250,1,66,196)$。这些数字就是使用 RSA 算法和读者的公钥进行加密后得到的结果。

而读者手上有一个私钥 d = 173，那么就可以通过计算得出：

对于 $c_1 = 250$，计算 $m_1 = c_1^d \bmod n = 250^{173} \bmod 323 = 23$。然后将 $m_1$ 转换回"w"。

对于 $c_2 = 1$，计算 $m_2 = c_2^d \bmod n = 1^{173} \bmod 323 = 1$。然后将 $m_2$ 转换回"a"。

对于 $c_3 = 66$，计算 $m_3 = c_3^d \bmod n = 66^{173} \bmod 323 = 14$。然后将 $m_3$ 转换回"n"。

对于 $c_4 = 196$，计算 $m_4 = c_4^d \bmod n = 196^{173} \bmod 323 = 7$。然后将 $m_4$ 转换回"g"。

这样读者就知道了作者发送的是 wang。

RSA 算法也成为最普遍使用的加密算法，而三位创造者罗纳德·李维斯特、阿迪·萨莫尔和伦纳德·阿德曼也靠着这个成果获得了 2002 年的图灵奖。

但 RSA 算法并不是绝对意义上的安全。

1999 年，成功分解 RSA-155（512 位）是一个重要的里程碑，这次分解证明了 512 位 RSA 密钥的脆弱性。有人使用一台 Cray C916 计算机，耗时 5 个月和大量的计算资源，成功分解了这个密钥，揭示了 RSA 算法在较低位数下存在的安全性问题。

当然，从人类的角度来看，这个数字大得可怕：

39505874583265144526419767800614481996020776460304
93645413937605157935556265294506836097278424682195350935
44305870490251995655335710209799226484977949442955603
= 3388495837466721394368393204672181522815830368604993
04808492584055528117 × 11658823406671259903148376558
38327081813101225814639260043952099413134433416292453
6139

在 2009 年 12 月 12 日成功分解 RSA-768（768 位）是另一个重要的事件，引起了对更长 RSA 密钥长度的安全性的担忧。这次分解再次强调了计算能力的提升和攻击技术的进步可能会威胁较短 RSA 密钥的安全性。

对于使用 RSA 算法加密，越长的密钥长度通常意味着越高的安全性，因为攻击者需要花费更多的计算资源和时间来尝试分解密钥。在这种背景下，普遍建议用户使用 2048 位或更长的 RSA 密钥，以确保加密的安全性。

当然，这个数字看起来更加大了：

12301866845301177551304949583849627207728535695953
34792197322452151726400507263657518745202199786469 3899
56474942774063845925192557326303453731548268507917 0261
22142913461670429214311602221240479274737794080665 3514
19597459856902143413 ＝ 33478071698956898786044169848 21
26908177047949837137685689124313889828837938780022 8761
47116525317430877378144679994 89 × 3674604366679959 0428
24463379962795263227915816434308764267603228381573 9666
51127923337341714339681027009279873630891 7

虽然理论上 RSA 算法还是很安全的，但为了应对这一问题，研究人员们不断努力寻找比 RSA 算法更安全可靠的加密算法，以应对日益复杂的网络安全形势。

在这个背景下，椭圆曲线密码算法（Elliptic Curve Cryptography，ECC）崭露头角。ECC 基于椭圆曲线数学，通过在有限域上的点运算实现加密。与传统的 RSA 算法相比，ECC 在提供相同安全性的情况下，需要的密钥长度更短。这不仅降低了存储和传输的成本，还减少了加密和解密的计算负担，使得 ECC 在资源受限的环境中，如移动设备和物联网设备中，更具有优势。

实际上，ECC 已经在许多领域得到了应用，其中一个显著的案例是移动支付系统。移动支付需要在移动设备上进行快速加密和解密操作，以保护用户的支付信息。由于移动设备资源有限，ECC 的高效性能使得它成为安全可靠的选择。例如，Apple 的移动支付系统就使用了 ECC 来保护用户的支付数据，确保其安全性。

另一个重要的应用领域是物联网。在物联网中，设备数量庞大且资源受限，因此需要高效的加密算法来保护通信和数据。ECC 在这方面的优势尤为突出。例如，智能家居设备、工业传感器等物联网设备可以使用 ECC 进行加密通信，确保数据的机密性和完整性。

生成密钥是加密过程中最为关键的步骤之一。如果密钥不够随机，容易被预测或者有规律可循，那么即使使用了最强大的加密算法，保护信息的力量也会大打折扣。因此，为了确保加密的强度，密钥的生成必须依赖于高质量的随机数。

然而，在计算机这样一个本质上是确定性的环境中生成真正的随机数并不是一件简单的事情。

# 第八章 玩世不恭的微风：随机算法

在无尽计算的繁星之海，随机算法是一股无形的风，它没有预设的路径，不遵循直线的宿命，却以一种近乎玩世不恭的姿态，游刃有余地探索未知的世界。

数学的园丁在概率的花园中散步，每一步都可能落在不同的花朵上，这就是随机算法的舞蹈。它不是沿着既定的小径前进，而是任由风的引领，跳跃于可能性的花丛间。每个落脚点都是未知的，每个选择都是新鲜的。

随机算法像是那个扔骰子的占卜师，它不追求每次都扔出完美的六点，而是在每次掷骰的无数可能性中寻找答案。它的魔力在于对确定性的放弃，对完美的无视。它理解世界不是黑与白，而是一个由概率编织成的渐变色彩。

在这个算法的诗篇中，没有一笔是刻意的，每一个随机生成的数字都像是大自然的呼吸，每一个随机的选择都是对宇宙规律的尊重。随机算法不是无序的混沌，而是一种超越直觉的秩序，是在混沌中寻找秘密的艺术。

这种方法就像是在深夜的星空下放飞一群纸鸢，它们在风中飘舞，没有人知道它们会落在哪里，但是每一次的飞翔都是自由的表达，每一次的降落都是命运的选择。随机算法就是这群纸鸢的航线，是一场设计师与命运共舞的盛宴。

它是在决策的海洋中引入的一丝微妙的不确定性，就像是在严谨的对称图案中加入的一点不规则的美。它告诉我们，在一个看似有序的系统中引入一点随机，有时反而能够引导我们到达更加惊奇的目的地。

随机算法在现代计算和科学研究中扮演着极其重要的角色，其独特之处在于引入了随机性来解决一系列复杂的问题。与确定性算法相比，随机算法通常能够提供更好的平均性能，特别是面对大规模数据集或复杂系统时。确定性算法在某些极端情况下性能可能极差，而随机算法通过避免这些情况，能够提供更稳定和可预测的性能。

在战争、数学、赌场之间，有一个名为"蒙特卡洛"的算法穿梭而过。这个听起来有些神秘的名字实际上与摩纳哥的赌场有关，但它在现代科学研究中所扮演的角色绝对不仅仅是关于赌博。

二战期间，美国曼哈顿计划正处于紧张的原子弹研制阶段。为了预测链式反应的行为和计算复杂的物理过程，科学家们急需一种高效的方法。传统的数值方法在处理这样的问题时既慢又不准确。正是在这样的背景下，由斯塔尼斯拉夫·乌拉姆（Stanistaw Marcin Ulam）和尼古拉斯·梅特罗波洛斯（Nicholas Constantine Metropolis）提出了一种全新的随机抽样方法，即我们今天所说的"蒙特卡洛方法"（Monte Carlo method）。

乌拉姆最初的灵感来自一次疾病。在病床上，他玩起了跳棋，试图通过计算所有可能的移动来预测游戏的结果。但很快他意识到这种方法不现实，因为可能性太多了。但如果他只考虑一些随机的移动并根据结果作出判断呢？这就是蒙特卡洛方法的雏形。

为什么叫"蒙特卡洛"呢？

乌拉姆的叔叔经常去蒙特卡洛赌场，并对乌拉姆描述了他的赌博策略。乌拉姆被这种随机性吸引，决定以这家赌场来命名他的方法。乌拉姆使用蒙特卡洛方法计算核裂变的链式反应，证明"氢弹之父"爱德华·泰勒（Edward Teller）最初的氢弹设计有问题，并建议了一个更佳的方案。之后氢弹设计普遍使用的泰勒 – 乌拉姆构型就是以二人名字共同命名的。

蒙特卡洛方法是一种统计学方法，它通过从概率模型中随机抽样来计算数值结果。该方法在计算复杂问题时十分有用，尤其是当问题难以用解析方法解决时。基于上文的描述，我们可以进一步了解蒙特卡洛方法的两种典型应用场景，以及它是如何工作的。

第一种应用场景，蒙特卡洛方法被用来模拟具有内在随机性的物理过程。以核物理学为例，中子在反应堆中的传输过程受到量子力学规律的制约，这导致了过程的内在不确定性。人们无法准确预测中子与原子核相互作用的确切位置，也无法确定裂变产生的新中子的速度和方向。在这种情况下，蒙特卡洛方法通过随机抽样来模拟这些随机过程，并通过统计大量模拟的结果来预测中子传输的范围。这种方法不仅能够提供对复杂随机过程的直观理解，还能够为科学家提供反应堆设计所需的关键信息。

　　第二种应用场景，蒙特卡洛方法被用来通过随机抽样来估计随机变量的特征数，如概率或期望值。这种方法常用于求解复杂的多维积分问题，其中直接的分析计算可能非常困难或不可能执行。例如，如果我们想计算一个不规则图形的面积，可以将图形放在一个已知面积的矩形内，随机生成大量的点，并计算落在图形内部的点的比例。用这个比例乘以矩形的面积就可以得到图形的面积的近似值。随着生成点数量的增加，这个近似值将越来越接近图形的真实面积。

　　自诞生以来，蒙特卡洛方法已经被广泛应用于各种领域，从物理学到金融学，从生物学到计算机图形学。尽管它最初是为了解决原子弹的问题而设计的，但其在现代科学研究中的应用已远远超出了最初的预期。

　　在蒙特卡洛方法之前，就已经有了类似的应用，其中最为知名的是蒲丰投针问题。

　　蒲丰投针问题是数学和概率论中的一个经典问题，它为我们提供了一种非常独特的方法来估计 $\pi$ 的值。

　　想象一下，你手里有一根长度为 $L$ 的细针，地上铺有一张画有等间距条纹的纸，条纹与条纹之间的距离为 $D$。现在，你闭上眼睛随机地向纸上投下这根针。我们要问的问题是：针与这些条纹交叉的概率是多少？

　　这个问题可能看起来与 $\pi$ 毫无关系，但通过一些巧妙的数学分析，蒲丰发现了二者之间的联系。他证明了：如果针的长度等于条纹的间距，那么针与条纹交叉的概率就是 $2/\pi$，这意味着，通过多次投针并记录其与条纹交叉的次数，我们可以得到 π 的一个估计值。

具体来说，如果我们投掷了 $N$ 次针，其中交叉条纹的次数是 $C$ 次，那么 $C/N$ 应该接近 $2/\pi$。由此，我们可以推导出 π 的近似值为 $2N/C$。

实际上，蒲丰投针问题是概率论与几何学的结合，为我们提供了一种直观而有趣的方法来理解 π 和随机事件的关系。

在数学领域里，涉及随机的内容非常多，比如米勒－拉宾素性检验（Miller－Rabin primality test）。

米勒－拉宾素性检验是一种用来判断一个给定的数是否为素数的随机化算法，由盖瑞·米勒（Gary L. Miller）和迈克尔·拉宾（Michael O. Rabin）在 20 世纪 70 年代提出。这个算法是基于数论中的一些深刻的结果，并且能在很短的时间内高效地对大数进行素性检验。

算法的基本思想是利用了费马小定理的一个推广。费马小定理说的是，如果 $p$ 是一个素数，而 $a$ 是一个小于 $p$ 的正整数，那么 $a$ 的（$p-1$）次方减去 1 一定能被 $p$ 整除。米勒－拉宾素性检验采取了这个定理的逆否命题：如果存在一个 $a$，使得 $a$ 的（$p-1$）次方减去 1 不能被 $p$ 整除，那么 $p$ 一定不是素数。基于这个思想，算法进行了一系列的随机测试，以增加判断的准确性。

在实际操作中，为了降低复杂度，算法首先将 $p-1$ 分解成 $2^s \times d$ 的形式，其中 $s$ 和 $d$ 都是整数，并且 $d$ 是奇数。然后，选取一个随机的数 $a$（$1 < a < p-1$），计算 $a^d \bmod p$ 的结果。

如果这个结果等于 1 或者 $p-1$，那么 $p$ 可能是一个素数。为了增加确定性，算法会进行多次测试，每次选取不同的 $a$ 进行检验。

如果在一次测试中，$a^d \bmod p$ 的结果不等于 1 或者 $p-1$，那么将结果乘以自身，并再次对 $p$ 取模。重复这个过程 $s$ 次，如果在任何时刻的结果都等于 $p-1$，那么 $p$ 仍然可能是一个素数。但是，如果直到最后都没有得到 $p-1$ 的结果，那么 $p$ 一定不是素数。

这里提供一个简单的例子，假设我们要检验 $p = 221$ 是否为素数：

1. 将 $p - 1$ 表示成 $2^s \times d$ 的形式：

我们找到 $p - 1 = 220$ 可以表示成 $2^2 \times 55$ 的形式，这里 $s = 2$ 且 $d = 55$。

2. 随机选择一个 $a$ 值，它在 $[2, p-2]$ 区间内：

假设我们选择了 $a = 174$。

3. 计算 $a^d \bmod p$：

$$a^d \bmod p = 174^{55} \bmod 221$$

通过计算，结果是 198。

4. 检查这个结果：

因为 $198 \neq 1$ 且 $198 \neq 220$，我们进入下一步。

5. 进行重复平方并取模的过程：

第一次平方：

$$x = 198^2 \bmod 221$$

检查结果，$87 \neq 220$，继续下一步。

第二次平方：

$$x = 87^2 \bmod 221 = 55$$

检查结果，$55 \neq 220$，继续下一步。

第三次平方：

$$x = 55^2 \bmod 221 = 152$$

检查结果，$152 \neq 220$，继续下一步。

第四次平方：

$$x = 152^2 \bmod 221 = 120$$

检查结果，$120 \neq 220$，继续下一步。

第五次平方：

$$x = 120^2 \bmod 221 = 35$$

检查结果，$35 \neq 220$，继续下一步。

第六次平方：

$$x = 35^2 \bmod 221 = 120$$

结果开始循环，我们仍未得到 220。

由于在重复平方的过程中，我们始终没有得到 $p - 1 = 220$，因此根据米勒 – 拉宾素性测试，可以判断 $p$ 不是素数。

这与事实相符，因为 $221 = 13 \times 17$，所以 221 是一个合数。

6. 检查这个新的结果。因为 $42 \neq 220$，我们继续下一步。

7. 再次将结果平方并对 $p$ 取模，即 $42^2 \bmod 221 = 1$。

这次我们得到了 1。在米勒 – 拉宾算法中，如果我们在得到 $p-1$ 之前得到了 1，那么我们就可以判断 $p$ 不是素数。这与事实相符，因为 $221 = 13 \times 17$。

米勒 – 拉宾算法的优势在于其高效性和随机化特点，它可以迅速排除大量的合数，而对于素数的判断则相对准确。但是，也正因为其随机化的特点，算法有一定的概率误判，可能会把一个合数误认为是素数。不过，通过增加测试的次数，这种误判的概率可以被降低到一个极低的水平。

米勒－拉宾素性检验是一个在实际应用中非常有用的算法，特别是在密码学和大数分解等领域，它提供了一种快速判断大数是否为素数的方法，虽然它有一定的误判概率，但通过适当的调整，这个概率可以被控制在一个非常低的水平，满足实际应用的需求。

计算机领域也有很多使用随机性的算法，比如模拟退火算法。

模拟退火算法是一种通用的优化算法，其灵感来源于物理学中固体物质的退火过程。退火是一种将物质加热后再缓慢冷却的过程，目的是增加物质的内部结构稳定性，减少缺陷。模拟退火算法利用这一原理，通过引入随机性来跳出局部最优解，从而有机会找到全局最优解。

模拟退火算法的基本步骤包括初始化、迭代搜索和冷却三个阶段。在初始化阶段，算法从一个随机或者预先设定的初始状态开始，同时设定一个较高的初始温度。这个初始温度代表算法在搜索过程中能够接受解的质量下降的程度，温度越高，算法越有可能接受较差的解。

在迭代搜索阶段，算法反复进行状态的探索。在每一步，算法随机生成一个当前状态的邻近状态作为候选解，并计算两个状态之间的解质量差异。如果候选解比当前解更好，那么算法接受候选解作为新的当前解。如果候选解较差，算法也会以一定的概率接受它，这个概率与温度和解质量差异有关。这种接受差解的机制使得算法有能力跳出局部最优解，探索更广泛的解空间。

冷却阶段是模拟退火算法的另一个关键部分。随着迭代的进行，算法逐渐降低温度，从而减小接受差解的概率。这意味着算法在初期时更加灵活，能够探索各种可能的解，而在后期逐渐稳定，趋向于在当前解的邻域内寻找更优解。温度的降低通常遵循一个预定的冷却计划，比如线性降温、指数降温等。模拟退火算法的效果在很大程度上取决于参数的设定和冷却计划的选择。一个好的冷却计划应该能够平衡搜索的广度和深度，避免算法过早陷入局部最优解，同时确保算法最终能够收敛到一个高质量的解。

模拟退火算法因其简单性和通用性而被广泛应用于各种优化问题。它提供了一种在复杂的解空间中寻找全局最优解的有效手段，尽管不能保证总是找到最优解，但通常能够找到一个质量相对较好的解。

我们讲了这么多随机算法，而其中最关键的元素是随机数，那随机数又是怎么来的呢？

在计算机领域生成的随机数有两种，分别为真随机数和伪随机数。

真随机数生成更类似于一种自然抽签。它利用一些物理过程，如电子噪声或放射性衰变，这些过程本身是真正随机的，没有可预测的规律。真随机数是通过观测真实世界中的不可预测事件所获得的。这使得真随机数更具有随机性和不可预测性，因为它们的生成不依赖于事先设定的规则或初始值。真随机数在加密、安全性和随机性要求较高的应用中扮演着重要角色，因为它们提供了更强的随机性保证。

在电子产品出现之前，随机数的生成基本都是用硬币或者骰子，但问题是很难生成太大或者太多的随机数。不过，那个时代对随机数的需求也并不高。

20 世纪 40 年代中期，随着科技和工业的快速发展，对随机数的需求迅速增长，远远超出了传统方法如掷骰子或使用蓍草所能提供的数量。这是一个时代的挑战：如何在短时间内生成大量的高质量随机数？

美国政府的顾问公司兰德公司接受了这一挑战，并创造性地设计了一台机器。这台机器配备了随机脉冲发生器，可以连续不断地生成随机数。当这台机器的运行数据足够多时，兰德公司做了一件前所未有的事情：他们决定将这些随机数编纂成册，并以图书形式发布。

这本名为《百万乱数表》(*A Million Random Digits with 100,000 Normal Deviates*) 的书成为一个时代的象征。它不仅仅是一本充满随机数字的书，更是科技进步和人类智慧的结晶。尽管如今我们已经习惯于使用电脑和互联网上随时可得的随机数，但在当时，这本书无疑是一个创举。下面是这本书的前十一行：

```
00000  06902  33797  30026  07243  90700  18295  81471  45296  66417  46047
00001  92543  98296  76461  65566  15163  90376  36058  04942  34178  29469
00002  09390  66246  60588  51890  27937  43978  34739  78542  53092  22718
00003  06064  77426  22940  30309  39167  64104  40303  23666  08155  23600
00004  69202  62496  77261  31794  89989  56280  76040  95364  57450  42126
00005  01783  12202  16234  84535  36161  52932  76294  37133  02482  99160
00006  47413  43747  88371  24814  98830  16399  91564  17606  22253  36468
00007  86164  01581  36001  15892  57621  85239  96470  65144  53360  07616
00008  74520  02972  56177  87580  66794  48123  48898  29724  88303  18150
00009  01430  97022  65380  91304  32853  99729  43154  33740  11092  30661
00010  05814  67583  01277  77815  60558  75920  94316  98015  06006  51357
```

虽然现在看起来很奇怪，但在当年这本书是一本重要的工具书。

1951 年，"费伦蒂·马克一号"（Ferranti Mark I）作为当时最先进的计算机之一，首次将随机性纳入了其功能设计中。它拥有内置的随机数生成指令，能够通过电气噪声生成随机比特位，一次可以产生的随机数高达 20 个。这一突破性的性能设计，也是来自阿兰·图灵。但是之后的大型计算机和家用机里，都没有普遍采用内置随机数生成的硬件。

到了 1997 年，尽管随机数生成的技术已经取得了巨大进步，但计算机科学家仍然在探索更多的方法，以获得更好的随机性。

一个知名的计算机硬件公司 SGI（美国硅图公司）设计了

一个创意十足的随机数生成器——LavaRand。他们的方法相当独特：用一个网络摄像头拍摄正在工作的熔岩灯。熔岩灯是一个流行的桌面装饰品，内部的蜡由于加热和冷却而产生持续且不可预测的运动。这种混沌的动态变化被 SGI 的团队视为产生随机数的理想来源。

当网络摄像头捕捉到这些动态变化时，将这些图像转化为数字数据，经过进一步的处理，最终得到了所需的随机数。这样得到的随机数来源于真实的熵源，因此可以被认为是一个真实随机数生成器。

1999 年，科技巨头英特尔在其 i810 芯片组上首次集成了芯片级的随机数生成器。这一举措标志着硬件随机数生成技术的真正普及，使得众多新出厂的服务器都具备了基于热噪声的本地源生成随机数的能力。

然而，真随机数生成也面临一些挑战，如收集和测量的过程可能受到环境干扰的影响，导致生成的数字并非完全随机。因此，在设计真随机数生成系统时，需要考虑如何降低干扰和提高随机性的方法，以保证生成的数字序列具有足够高的随机性和不可预测性。

同时，绝大多数情况下，我们并不需要一个真随机数。伪随机数已经足够满足绝大多数的应用场景。

伪随机数生成类似于一种数学游戏，通过一系列数学规则从一个初始数字出发，逐步生成下一个数字。这些生成的数字看起来具有随机性，但实际上它们是通过事先设定的计算规则所得到的。因此，如果我们知道了初始数字和生成规则，就可以准确地预测出下一个数字。

最早的伪随机数生成器是由冯·诺伊曼在 1946 年创造的。他的基本思想是从一个随机数种子开始，对其平方，然后取所有数字的中间值，接下来对得到的数重复取平方并取中间值，就会得到一个具有统计意义属性的随机数序列了。

冯·诺伊曼的算法如下：

1. 假设我们选择一个四位数作为初始种子：1234。

2. 将 1234 平方得到：1522756。

3. 从这七位数的中间取四位：5227。

4. 这个 5227 就是下一个随机数。

5. 然后再将 5227 平方：27321529。

6. 从这八位数中取中间四位：3215，这就是接下来的随机数。

7. 如此往复，持续生成新的随机数。

但是这个算法并没有经受住时间的考验，很快大家就会发现，这种算法一定会陷入一个循环当中。下表是一个两位数的例子，从 25 开始，可以很清楚地看到这种循环会出现（再往后都是 0）。

| 种子 | 平方数 | 中间两位数 |
|------|--------|------------|
| 25 | 0625 | 62 |
| 62 | 3844 | 84 |
| 84 | 7056 | 05 |
| 05 | 0025 | 02 |
| 02 | 0004 | 00 |
| 00 | 0000 | 00 |

所以，日后普遍所使用的随机生成算法要复杂一些。我们来看看普遍采用的随机数是怎么计算出来的。

首先，你用种子乘以一个数字，然后再加上另一个数字。然后，只保留加法结果的最后一位数字，这就是你得到的新数字。接着，这个新的数字成为新的种子。

依此类推，你会得到一串新的数字。但这些数字实际上不是真正的随机数，因为它们都是通过同样的规则计算出来的。它们看起来像是随机的，但如果你知道种子和计算规则，也可以预测出接下来会是什么数字。

下面我再提供一个更为实际一点的例子。

假设种子 = 5。然后，我们使用以下计算规则来生成随机数序列：将种子数乘以一个常数 a，比如 a = 3。加上另一个常数 c，比如 c = 7。最后，取结果的个位数字作为新的随机数，同时这个新数字也成为下一轮的种子。

现在我们开始生成随机数序列：

| 种子 | 新随机数 |
| --- | --- |
| 5 | （5×3 + 7）mod 10 = 22 mod 10 = 2 |
| 2 | （2×3 + 7）mod 10 = 13 mod 10 = 3 |
| 3 | （3×3 + 7）mod 10 = 16 mod 10 = 6 |
| 6 | （6×3 + 7）mod 10 = 25 mod 10 = 5 |

依此类推，我们就可以生成一个看起来随机的数列：2, 3, 6, 5……

这个过程就是一个伪随机算法的例子。它能够给我们一串看起来随机的数字，但实际上它们都是按照一定规则计算出来的。

伪随机数生成在计算机科学中得到广泛应用，特别是当真正的随机数很难获得时。计算机程序可以使用一些算法来生成看似随机的数字序列，用于各种应用中，如模拟、加密和游戏等。这些生成的数字序列虽然不是真正的随机，但在很多情况下已经满足需求。

其中使用最为广泛的是梅森旋转随机数生成器，又称为梅森旋转算法（Mersenne twister，简称 MT），是一个在计算机领域中被广泛使用的伪随机数生成器（PRNG），由两位日本科学家松本真（Makoto Matsumoto）和西村拓士（Takuji Nishimura）在 1997 年发明。它迅速获得了计算界的认可，成为许多应用中的默认随机数生成器。

梅森旋转算法的名称来源于其特有的设计原理，它利用了梅森素数（一种特殊形式的素数），具体来说，是可以写成 $2^n-1$ 形式的素数。这种生成器具有长达 $2^{19937}-1$ 的周期，这也使得它很难遇到重复性的随机数，并在大多数应用中都能提供足够高的随机性。

与其他伪随机算法相比，梅森旋转算法的优势在于其高度均匀的分布以及较长的周期。这使得它在蒙特卡洛方法、密码学应用、计算机游戏、统计建模等众多领域中都得到了广泛的应用。然而，由于它的内部状态空间较大，因此它并不总是适用于对空间或初始化时间有严格要求的应用。

伪随机数生成也面临着一些挑战。如果使用不当，可能会导致预测性、重复性或周期性问题，使得生成的数字序列不再具有良好的随机性质。因此，在设计伪随机数生成算法时，需要注意选择合适的生成规则和初始值，以确保生成的序列在实际应用中表现出足够的随机性和不可预测性。

现在我们知道了如何获取一个伪随机数，那读者能不能思考一个生活中常见的例子，如我们怎么用伪随机数实现最快的洗牌？并且还要保证洗牌的过程中，对于每一张牌的出现概率是公平和不可预测的。

在众多洗牌算法中，比较知名的是高德纳洗牌算法。

高德纳（Donald Ervin Knuth）出生在一个德国移民家庭，从小到大家庭里充满了艺术和文化的氛围。他的父亲不仅是一位老师，还在教堂演奏管风琴，并在家中的地下室设立了一个小型印刷厂。这样多元化的家庭环境让年幼的高德纳受到了广泛的启发和影响。

早在上八年级时，高德纳就展现出了非凡的智慧和创造力。他参加了一场由当地糖果厂举办的比赛，要求使用"Ziegler's Giant Bar"（糖果厂和棒棒糖的名字）中的字母来创造尽可能多的单词。裁判提供了一个包含 2500 个单词的标准答案名单，但高德纳的创造力远超出了这一标准。为了有更多的时间，他故意假装胃痛，在家中借助一本英语字典列出了整整 4500 个单词，远远超过了所谓的"标准答案"。这个令人瞩目的成就使得高德纳所在的班级轻松夺冠，展示了他在早年就展现出的卓越才智和毅力。

高德纳在他的学术生涯中经历了一系列重要的转折点。在大一暑假时，他开始了一份与学校相关的工作，这也是他第一次接触到当时颇为先进的 IBM 650 计算机，这次经历将对他的未来产生深远影响。

1960 年，高德纳在凯斯理工学院完成了本科学业，由于他的卓越表现，他不仅获得了理学学士学位，还破例获得了硕士学位。此后，他进入加州理工学院研究生院，在数学家马歇尔·霍尔（Marshall Hal）的指导下学习。马歇尔·霍尔在二战时先后在美国海军情报局和英国战时密码破译中心布莱切利园工作，也做过知名数学家哈代的同事，更是加州理工学院的第一个 IBM 教授，是当时最早做现代计算机研究的科学家之一。高德纳于 1963 年获得了加州理工学院数学博士学位，这段经历为他之后的计算机学术生涯打下坚实基础。

然而，在他完成博士学位之前，他接受了艾迪生·韦斯利出版社的邀请，撰写一本关于计算机程序语言和编译器的书。这个邀请成为他职业生涯中的一个重要转折点，他决定接受这个挑战，开始着手编写这本书。

1968 年，高德纳完成了《计算机程序设计的艺术》第一卷《基本算法》的写作，并正式出版。第二卷《半数字算法》于 1969 年出版，第三卷《排序与查找》于 1973 年出版。

当第三卷出版后，高德纳决定暂停写作。原因在于出版商采用了新的照相排版技术，而非传统的单字印刷，这让他对书籍的出版效果感到不满。为了解决这个问题，高德纳着手开发了字体设计系统 METAFONT 和排版系统 TeX，这些工具不仅提高了书籍的排版质量，还为他的后续工作打下了坚实的基础。1974 年，美国计算机协会授予高德纳图灵奖 。而当时高德纳只有 36 岁，他迄今依然保持着最年轻图灵奖获得者的纪录。很多媒体误以为高德纳是凭借《计算机程序设计的艺术》获得的图灵奖，但实际他是靠着 TeX 而获奖的。

1992 年，高德纳提前退休，并开始全身心地投入到《计算机程序设计的艺术》第四卷的创作中。2006 年，高德纳被诊断出患有前列腺癌，并接受了手术治疗。然而，他在手术后不久就重新投入到工作中。2011 年，《计算机程序设计的艺术》第四卷 A《组合算法》终于问世。到了 2023 年，第四卷的 B 册才得以出版。这五本加起来已经接近 4000 页，而之后还有第四卷的 C 册、第五卷关于句法算法、第六卷关于语言理论和第七卷关于编译器技术的内容正在撰写当中。

《计算机程序设计的艺术》这本书除了是算法内容最丰富的教材外，也是最早对常见数据结构进行明确定义的一本书。学计算机的学生都知道高德纳是算法界的大师，但是很多人不知道高德纳还研究过洗牌算法。

高德纳洗牌算法的流程如下：

假设你有一套数字卡片，上面分别写有数字 1 到 5，请将它们随机排序。

| 序列 | 说明 |
|---|---|
| 1, 2, 3, 4, 5 | 初始状态 |
| 1, 2, 5, 4, 3 | 从 5 张卡片中随机选择一张。假设你选择了第 3 张卡片，上面的数字是 3。现在，将这张卡片与最后一张卡片（数字 5）交换位置 |
| 4, 2, 5, 1, 3 | 从前 4 张卡片中随机选择一张。假设你选择了第 1 张卡片，上面的数字是 1。将这张卡片与第 4 张卡片（数字 4）交换位置 |

| 序列 | 说明 |
|---|---|
| 4, 5, 2, 1, 3 | 从前 3 张卡片中随机选择一张。假设你选择了第 2 张卡片，上面的数字是 2。将这张卡片与第 3 张卡片（数字 5）交换位置 |
| 5, 4, 2, 1, 3 | 从前 2 张卡片中随机选择一张。假设你选择了第 1 张卡片，上面的数字是 4。将这张卡片与第 2 张卡片（数字 5）交换位置 |
| 5, 4, 2, 1, 3 | 只剩下第 1 张卡片，无须再进行交换 |

这只是其中一个可能的随机排列。每次运行高德纳洗牌算法时，由于随机选择的元素不同，得到的结果都可能会有所不同。这就是为什么这个算法能够确保每种排列都是等概率的原因。

高德纳洗牌算法的美妙之处在于它的公平性，也就是说，**每个元素在每个位置出现的机会是均等的，所有可能的排列都有相同的概率**。这一点对于确保随机性是至关重要的，特别是在需要通过随机手段消除潜在偏差的场合，比如在卡牌游戏中随机洗牌，或者在统计学实验中随机抽样。

在计算机领域，随机的应用是一个很复杂的学问，比如有时候会让程序创造出类似随机的效果，而其中最为常见的使用场景是在电子游戏中。

绝大多数游戏中的随机都是人为伪造的。

比如，游戏 DOTA2 的暴击就是典型的伪随机。游戏内的暴击率在 30% 以上时，第一次攻击产生暴击的概率会明显低于数字显示的暴击率，比如面板暴击率是 80% 时，实际的暴击率只有 75%，而当你第一次攻击没有产生暴击，那么随后的攻击暴击率会明显提升，一直到真的产生暴击为止。这种随机机制被称为 PRD 机制（Pseudo Random Distribution）。

为什么游戏里非要使用这种手段，而不使用实际的暴击率呢？

**因为真实随机性在游戏和其他应用中可能导致玩家或用户的不满意情绪**。这主要是因为人类对随机事件的感知通常是有偏差的，我们往往会高估随机事件中出现规律的概率，并低估真正随机的事件。当玩家在游戏中遇到连续不利的情况时，他们可能会感觉游戏是不公平的，即使这些事件实际上是完全随机的。

为了解决这个问题，游戏开发者和设计师会采用各种策略来调整游戏的随机性，使其更符合玩家的期望。这些策略包括使用伪随机数生成器，它们能够生成看起来随机的数字序列，但实际上这些数字是可以预测的。通过调整这些生成器的参数，开发者可以确保玩家在游戏中获得更加公平和满意的体验。

在游戏《俄罗斯方块》中，玩家总会觉得"为什么不给我一个竖条"，但其实每个形状出现的概率是一样的，只是因为你很喜欢竖条，才会觉得少。所以《俄罗斯方块》会进行调整，为了减少玩家长时间等待某个特定方块的情况，开发者可能会调整方块出现的概率，或者使用一个"随机袋"系统，其中每种方块在一定数量的游戏循环中都会出现至少一次。这样，即使方块的出现仍然是随机的，玩家也能够更可靠地预测哪些方块将会出现，从而减少了因长时间等待而产生的挫败感。

在《文明》系列游戏里，为了平衡玩家的心态，游戏的胜率也不是真正意义上的随机。游戏策划调高了玩家的胜率，如果玩家有明显的战斗力优势时会直接获胜。比如按照正常算法玩家有90%的概率会获胜，有10%的概率会落败，显而易见这个落败对玩家的挫败感是极强的，在这种情况下系统一定会判定玩家获胜。同样当玩家连续落败以后，系统也会一定程度地提升玩家之后的获胜概率，《文明》之所以可以这么做，是因为玩家的对手是电脑，电脑不会抱怨不公平。

玩家对胜利的渴望和对失败的不满是人类心理的一部分，游戏设计师通过精心设计游戏机制来回应这些心理需求，从而提升整体的游戏体验。这种方法在面对人类玩家时是行之有效的，因为人类玩家对游戏体验的评价往往是基于情感而非严格的公平性。

这种动态调整的随机概率机制最常见的应用是在卡牌游戏里。

在卡牌游戏中使用的动态调整随机概率机制，通常被称为"保底机制"，其核心目的是防止极端的运气不佳情况的发生，从而提高玩家的整体满意度和游戏体验。通过实施这种机制，游戏设计师能够确保即使是最不幸的玩家最终也能获得他们渴望的卡片。

比如一张最高等级卡片的抽取概率是1%，意味着在一个理想的、完全随机的情况下，玩家每抽100次就有可能得到1张。然而，由于随机性的本质，有些玩家可能会在100次以内抽到高级卡，而有些玩家可能需要抽更多次才能得到。为了防止后面这种情况的发生，游戏设计了保底机制：确保玩家在抽取一定数量的卡片后，必定能够获得高级卡片。

这种机制的引入不仅让玩家感到更加公平，也减少了玩家对游戏失望和沮丧的感觉，特别是对那些投入了大量时间或金钱的玩家来说尤为重要。这种正向的游戏体验能够增加玩家对游戏的忠诚度，进而有可能提高他们在游戏中的消费意愿。

随机性的调整机制在很多领域都有应用，甚至会反方向地调整。

Spotify 和许多其他音乐服务平台面临的问题是，完全随机的播放列表有时会导致听众连续收听到同一艺术家或同一风格的音乐，这与人们期待的"随机播放"的感觉相去甚远。人们通常期待随机播放能提供一种平衡和多样性的音乐体验，而不是严格意义上的随机。

为了解决这个问题，Spotify 采取了一种被称为"控制的随机性"或"调整的随机性"的方法。他们的算法不仅考虑了音乐的随机播放，还引入了其他因素来确保播放列表的多样性和平衡性。这意味着算法会刻意避免在短时间内播放同一艺术家的多首歌曲，即使这意味着放弃了严格意义上的随机性。通过这种方法，Spotify 能够提供一种更符合用户期待的随机音乐体验，避免了前述极端情况的发生。

总的来说，随机算法在计算机科学和其他科学领域中扮演着非常重要的角色，它们提供了一种独特且强大的解决问题的方法。与传统的确定性算法不同，随机算法在其运行过程中引入了随机性，这意味着即使在相同的输入下，算法的运行结果也可能不同。这种随机性带来了一系列的优势和挑战，对于理解其意义和应用价值非常关键。

**随机算法的一个主要优势是它们在处理复杂或者不确定性问题时表现出来的高效性。**许多问题是如此复杂和庞大，使用传统的确定性方法来解决它们需要巨大的计算资源，甚至根本就是不可行的。而随机算法提供了一种可行的替代方案，它们通过引入随机性来简化问题，从而在可接受的时间内找到近似解或者概率上正确的解。

此外，随机算法在优化问题方面也显示出其独特的优势。它们能够跳出局部最优解，探索解空间的不同区域，从而有更大的机会找到全局最优解。这在许多实际应用中是非常重要的，比如在物流、工程设计和机器学习中寻找最优配置。

但随机算法也面临其自身带来的挑战。由于其结果具有随机性，因此验证和分析随机算法的正确性和性能变得更加复杂。此外，随机算法的结果可能不稳定，即在不同的运行中可能得到不同的结果，这在某些应用中或许是不可接受的。

# 第九章　变换身形的魔术：数据压缩算法

在信息的宏观宇宙中，数据压缩算法是一位巧手的魔术师，他不是简单地折叠空间，而是将冗长的篇章抽丝剥茧，转化为一个个精巧的符号，就像是将长篇的史诗浓缩为一个个寓言，故事的灵魂得以保留，而形式变得更加简洁。

你站在图书馆的一端，那里堆积着人类智慧的全部，每一本书都是一段段详尽的叙述。数据压缩算法就像是那个在图书馆里穿梭的精灵，它不是删减文字，而是找出重复的句子，悄然间用一个符号代替它们。书的故事依旧完整，但图书馆因此变得无比宽敞。

它如同诗人精心挑选词句，去除了所有冗余的辞藻，留下的每一个字都是精华，每一个符号都承载着更多的意义。数据压缩的艺术，在于它以最少的笔触捕捉最丰富的情感，以最紧凑的语言讲述最宏大的故事。

在数据压缩的领域里，算法是那位能够看透文字背后空间的预言者，他用数学的符号，编写了一部部节省空间的词典。这些词典不仅仅是对话的简化，更是深度的加密，是将经验和智慧凝结成最小单位的密码。

在 20 世纪 80 年代的科技浪潮中，3.5 英寸的软盘应运而生。回想那时，这小巧的存储设备简直是一个时代的奇迹。与之前的版本相比，它更为精致和紧凑，采用了坚固的塑料外壳，为数据提供了额外的保护。更为惊人的是，它的存储容量也达到了 1.44MB。

在那个互联网尚未普及的时代，软盘扮演了极其重要的角色，几乎成了软件和数据交换的标配。想象一下，每当你需要分享一个程序或文件，你可能需要一叠软盘，然后逐个拷贝。而在将数据传输到软盘之前，为了确保它们能够完整地存储，压缩文件几乎成了一个必要的仪式。这种分散的数据交换方式使得文件压缩技术变得尤为重要。由于单个软盘的存储容量有限，因此大文件经常需要被分割成几部分以适应多张软盘。在此过程中，压缩软件如 WinZip 和 PKZIP 等应运而生，它们不仅可以有效减少文件的大小，还提供了将大文件分割成多个段落的功能，使其适应软盘的存储容量。这种先压缩、后分发的方式成为那个时代数据交换的标准模式。当今的年轻一代可能很难理解，但在那个时代，这就是我们的移动存储。

而数据压缩算法的发展，是计算机科学发展中重要的一环。

可能你会误以为压缩算法是伴随计算机诞生的，但和本书里的大部分算法一样，在有计算机以前，压缩算法就已经存在而且广泛使用了。

关于数据压缩的一些概念我们已经在前文见过部分了。在数据处理领域，压缩和加密这两种操作在某种程度上具有相似之处。它们的核心都涉及将原始数据转化为另一种形式，但关键是在这一过程中，它们都确保了数据的原始意义不受损害。当然两者的根本目的是不同的。

在我们的生活里，有一种和计算机无关，但是被普遍应用的压缩方法，那就是盲文。盲文可以被视作一种自然语言的压缩表示，它是为了适应盲人触摸阅读的特点而被创造出来的，因为通过触摸阅读文字的速度相对看文字要慢得多，所以盲文采取了一种更为简洁、高效的编码方式，使盲人能够更快地通过触感进行解读。这种以减少阅读障碍为目标的编码方式，在某种程度上，可以被看作是一种自然的数据压缩技术。就像电脑中的压缩文件可以在不失去原始数据的前提下，减少存储和传输所需的空间。

在有计算机之前，甚至在计算机普及初期，压缩算法都是无损压缩。

无损压缩旨在通过巧妙的技巧，将数据变得更紧凑，以节省存储空间和传输带宽，而同时不会丢失任何原始信息。这就像是将一堆衣服折叠整齐，但并不丢失其中任何一件衣服。

在无损压缩中，有两种常见的方法：字典压缩和重复序列删除。

字典压缩是一种常见的无损压缩方法，它的工作原理类似于使用字典来映射常用词汇的代号，从而在不丢失信息的前提下，减少文本的大小。这个概念可以通过以下方式更详细地理解：想象一本字典，里面列出了许多常见的词语和它们的定义。

当我们遇到一个文本，其中包含了这本字典中的一些常见词汇时，字典压缩算法会将这些常见词语映射为短的代号，从而用更少的字符来表示它们。这种代号被称为"编码"。

例如，如果字典中有一个词语是"apple"，它可以被映射为一个短的编码，比如"#1"。如果文本中多次出现了"apple"，那么每次出现都可以用"#1"来代替，从而减少了文本的长度。

我们生活里其实很容易遇到字典压缩算法。

想象一下，每天有数以亿计的消息在网络上流通。这其中，不仅有详细的文字描述，还有各种缩写、简称和表情符号。与朋友、家人或同事在网上聊天时，我们经常使用的那些简称，例如"886"（拜拜了）或"LMAO"（大笑），都可以看作是字典压缩算法的一种应用。

字典压缩算法的关键在于如何构建和更新字典。在压缩过程中，算法会遍历文本并逐步构建字典，将新出现的词语添加到字典中，并为每个词语分配一个短的编码。在解压缩过程中，算法会使用字典来将编码恢复成原始的词语，从而重新构建出原始文本。

总的来说，字典压缩算法通过利用文本中的重复片段，将其映射为短的编码，从而有效地减小了文本的大小。这种方法在文本传输、文件压缩等领域具有广泛的应用，能够实现高效的数据压缩而不丢失任何信息。

重复序列删除是一种基础的无损压缩算法，专门针对文本中连续重复出现的数据片段。这种方法的核心思想是，通过保留一份重复数据，然后用一个标记来表示重复的次数，从而在压缩数据时减小其大小，而不会损失原始信息。

例如，一篇文章中包含了很多相同的字母、单词或短语，当遇到这些连续重复的片段时，重复序列删除算法会保留其中的一个实例，然后用一个特殊的标记来表示这个片段的重复次数。如此一来，在解压缩时，算法就可以根据标记来恢复原始的重复序列。

假设有一篇文章包含了连续重复的"ABCABCABCABC"，重复序列删除算法会将它表示为"4×ABC"，其中"4×"表示重复了 4 次。这样，原始的连续重复序列被压缩成了一个更短的表示，从而减小了数据的大小。

重复序列删除算法在处理包含大量重复数据的文本时特别有效。它可以在不影响数据内容的情况下，显著地减小数据的大小。但是在某些情况下，重复序列删除算法可能并不会带来显著的压缩效果，因为数据中的重复性可能并不是连续的。

好了，我们搞明白了什么是无损压缩和最简单的两种压缩算法，下面就要看看压缩算法的发展历史了。

在 20 世纪五六十年代，早期的计算机系统面临着存储和传输资源有限的挑战。为了应对这一问题，人们开始尝试使用基于编码的方法来降低数据的存储和传输成本。这个时期，诞生了一些早期的压缩算法，其中以霍夫曼编码和算术编码为代表，它们为数据压缩领域的发展奠定了基础。

故事还是要从香农讲起。在 1948 年，香农发表了他的经典之作《通信的数学理论》（*A Mathematical Theory of*

*Communication*）。在这篇论文中，他明确地表明每一条信息都带有一定的冗余度。这种冗余度与信息中的每个符号出现的概率或不确定性息息相关。

香农创新性地从热力学中借鉴了概念，引入了"信息熵"的定义，这是一个衡量信息中真实有效内容的指标。他还提供了计算这种熵的数学公式。这一突破性的工作不仅为信息论奠定了坚实的基石，还为所有数据压缩算法提供了理论支撑。

数据压缩，从根本上说，其目标就是要剔除那些冗余的信息，而香农的信息熵及其相关的数学定理，为我们提供了一个精确地描述信息冗余程度的工具。信息熵不仅揭示了信息的本质，而且设定了无损数据压缩的上限。这意味着，不管我们采用什么技术，任何一种无损压缩方法都不可能达到一个比信息熵更小的编码长度。

随着这一理论的建立，科学家们的工作重心逐渐转向如何研发出更高效的压缩算法，使其尽可能地接近香农为我们设定的这一理论上限。今天，我们所使用的各种高效的数据压缩技术，无一不得益于香农的这一伟大理论。

香农在发表这个理论时，还发表了一种非常简单的数据压缩算法，名为香农编码。

假设我们有一个消息：AABACDABAA。

首先我们能确定每个字母的出现频率：

| 字符 | A | B | C | D |
|------|------|------|------|------|
| 频率 | 6/10 = 0.6 | 2/10 = 0.2 | 1/10 = 0.1 | 1/10 = 0.1 |

然后按照出现频率从高到低为其分配二进制数值：

| 字符 | A | B | C | D |
|------|---|---|---|---|
| 二进制 | 0 | 10 | 11 | 100 |

这样原消息可以压缩成 001001110001000。

读者可能会好奇，为什么压缩后看着反而更长了。实际上，在二进制下，电脑存储 1 个字母的数字是 8 位。

当然，香农编码算法还是非常粗糙。但很快，香农和罗伯特·法诺（Robert Fano）合作发明了香农 – 法诺编码算法，是最早被广泛使用的压缩算法。

在意大利的学术圈，法诺的姓氏仿佛是一个数学品牌。

罗伯特·法诺的父亲基诺·法诺（Gino Fano），作为有限几何的创始人，对数学领域作出了不可磨灭的贡献。他的兄弟乌果·法诺（Ugo Fano）和堂兄朱利奥·拉卡（Giulio Racah）也都是科学巨擘。乌果·法诺在理论物理学领域有着广泛的研究，提出了法诺共振；而朱利奥·拉卡则为物理学和数学领域带来了多项创新。

罗伯特·法诺的学术旅程从欧洲开始，具体地说是开始于都灵理工大学工程学院。然而，随着二战的阴霾蔓延，为了保障家人的安全，法诺一家选择了远赴大西洋彼岸的美国。

幸运的是，美国为他提供了一个绝佳的学术平台，那就是麻省理工学院。1941 年，法诺在这里取得了电子工程的学士学位。但他未止步于此，二战结束后，他继续深造，并在 1947 年成功获得自然科学的博士学位。这一学位不仅标志着他学术上的一个里程碑，也为他日后的职业生涯打下了坚实的基础。

毕业之后，法诺留教麻省理工学院，继续向学生传授知识。他不满足于传统的教学方式，他看到了计算机科学的巨大潜力，认为这是未来的趋势。因此，他致力创建麻省理工学院的计算机科学课程，并成功助力该校的计算机科学和人工智能实验室的建立。此外，罗伯特·法诺推导出法诺不等式，还发明了法诺算法并假设了法诺度量，以及和香农研究出了香农－法诺编码算法。

该算法是一种基于符号出现概率的编码方法，其主要思想是将出现概率高的符号分配到较短的编码，以便用更少的位数表示它们。这种方式使得常用符号能够用较短的编码来表示，从而在编码后的数据中占据更少的空间。

这两位学者在 1949 年合作发表了关于这个算法的论文，详细介绍了如何根据信息源的概率来设计编码。

香农－法诺编码算法的核心思想是这样的：最常出现的事件应该有最短的代码，而较少出现的事件则应该有较长的代码。为了实现这一点，算法首先对事件按其发生的概率进行排序，然后将整个事件集合分为两个子集，使得两个子集的概率和大致相等。这一步骤会继续递归地进行，直到每个事件都被赋予一个唯一的二进制代码。

我们以一个例子来讲述这个过程。

假设在一个文本里，我们有 A、B、C、D、E 5 个字母，它们的出现频次和频率如下：

| 字母 | A | B | C | D | E |
|---|---|---|---|---|---|
| 频次 | 15 | 7 | 6 | 6 | 5 |
| 频率 | 0.385 | 0.179 | 0.154 | 0.154 | 0.128 |

我们把数据分为两组，A、B 一组，C、D、E 一组，前面两个的频次相加是 22，后面三个是 17，之所以这么划分是因为这种情况下两组的差距是最小的。所以我们可以构建第一棵树：

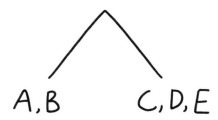

下面我们再一次分割每个节点，可以获得第二棵树：

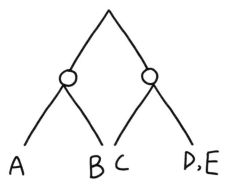

进一步分割获得最终的树：

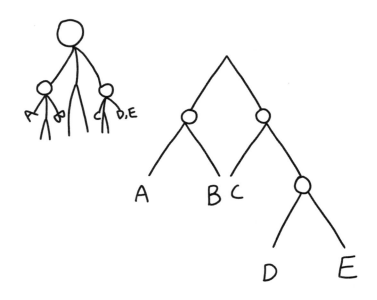

然后我们把左节点都标记为 0，右节点标记为 1，就可以获得所有字母对应的编码：

| 字母 | A | B | C | D | E |
|---|---|---|---|---|---|
| 频率 | 0.385 | 0.179 | 0.154 | 0.154 | 0.128 |
| 第一层 | 0 | | | 1 | |
| 第二层 | 0 | 1 | 0 | 1 | |
| 第三层 | | | | 0 | 1 |
| 编码 | 00 | 01 | 10 | 110 | 111 |

这就是香农－法诺编码算法的流程。

在这套编码出现以前，有过一个运用类似想法来构建的编码系统，那就是莫尔斯电码。

莫尔斯电码早在 1836 年就被发明了，它的基础是一套编码系统，通过这套系统，字母、数字和其他字符都被转化为短信号和长信号。为了构建这一编码，美国发明家萨缪尔·莫尔斯（Samuel Finley Breese Morse）和他的合作伙伴考察了英语中各个字母的使用频率，并据此为每个字母分配了一个相对简短或相对较长的编码，以实现更高效的传输。在莫尔斯电码中，英文中出现频率更高的 e 和 t 被赋予了最短的长度。

看过前文的读者应该还记得贪心算法。事实上，香农 – 法诺的思路就是一种贪心算法。虽然在多数情况下它并没有问题，但是它并不总是能够找到问题的全局最优解，而解决这个问题的人就是法诺的学生，名为戴维·霍夫曼（David Albert Huffman）。

戴维·霍夫曼曾经是一个电气工程师，早在 18 岁时就在俄亥俄州立大学展露出了在电气工程领域的天赋，获得了学士学位。但他的学术生涯并不是直线上升，而是经历过一个巨大的波折。毕业后，他为美国海军服役，成为一名雷达维修官，面临着巨大的挑战。

在广袤的大海上，霍夫曼负责的是在一艘驱逐舰上的雷达维护工作。对于一个技术骨干来说，这项任务已经足够复杂。然而，生活有时并不会如人所愿，他经常被他的舰长分派一些与他专业毫不相关的额外工作。这不仅考验着他的耐心，也挑战着他的技能。

霍夫曼并没有沉溺于这些麻烦中，而是对这种偏离他热爱的工程领域的工作表示了不满。这种不满可能激起了他进一步提高自己技能的决心。在海军服役两年后，他决定退役，回到了他的母校俄亥俄州立大学继续深造，攻读电气工程硕士学位。

毕业后，他的学术追求并未止步，他的才华和对学术的热忱引领他进入了美国顶尖学府麻省理工学院，开始了他的博士研究之旅。

戴维·霍夫曼在麻省理工学院学习信息理论期间的一篇论文帮他创造出霍夫曼编码，而这篇论文的方向就是来自法诺的。他要求学生找到用二进制代码表示数字、字母或者其他符号的最佳编码方法，也就是法诺自己的研究方向。霍夫曼持续努力几个月，始终没有取得明显的突破。由于缺乏显著的进展，他最终决定放下论文的工作，将注意力转向了备战期末考试。

正是在为期末考试做准备的过程中，霍夫曼经历了一次灵感的迸发。他突然发现了一个与香农－法诺编码算法相类似但更加高效的编码算法。

霍夫曼编码的核心也是构建"树"，我们称之为霍夫曼树。构建这棵树的过程是从所有符号的频率列表开始的。最初，每个符号都被视为一个单独的节点，这些节点根据其频率排序。在每一步中，选择两个频率最低的节点，将它们合并为一个新的节点，其频率是这两个节点的频率之和。这两个节点成为新节点的左子节点和右子节点。然后，将新节点插入列表并重新排序。重复此过程，直到只剩下一个节点，即霍夫曼树的根节点。

我们用前面那个例子，重新讲一遍霍夫曼编码的流程。

依然是 A、B、C、D、E 5 个字母，以同样的频率出现：

| 字母 | A | B | C | D | E |
|---|---|---|---|---|---|
| 频次 | 15 | 7 | 6 | 6 | 5 |
| 频率 | 0.385 | 0.179 | 0.154 | 0.154 | 0.128 |

我们首先把出现频率最低的 D 和 E 组合成一棵树，节点的总值变成了 11：

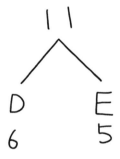

然后观察剩下的数，会发现数值最小的组合是 B 和 C，节点的总值是 13，这样我们就获得了两棵独立的树：

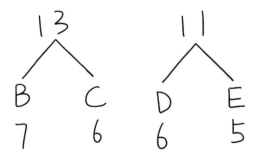

　　我们再观察剩下的 A 就会发现，A 的数值太大了，最小的情况还是让前面的两棵树合并为一棵树，所以我们就获得了一棵更大的树，总值为 24：

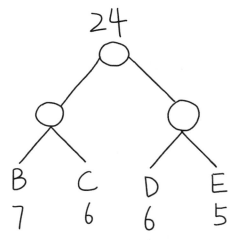

　　最后，我们再把 A 加进去，就可以获得一棵霍夫曼树了。

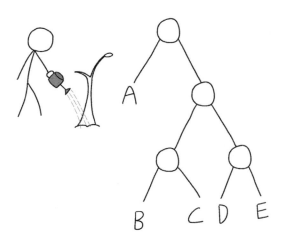

可以看到，虽然我们使用的字母频率是相同的，但是和前面使用香农 – 法诺编码算法构建的树是完全不同的，对应的也是不同的编码，结果为：

| 字母 | A | B | C | D | E |
|------|---|---|---|---|---|
| 编码 | 0 | 100 | 101 | 110 | 111 |

按照香农 – 法诺编码算法构建的结果，每个字母需要占据：

$$\frac{2\ 位 \times (15+7+6) +3\ 位 \times (6+5)}{39\ 个字母}$$

结果为约 2.28 位，而使用了霍夫曼编码的每个字母会占据：

$$\frac{1\ 位 \times 15+3\ 位 \times (7+6+6+5)}{39\ 个字母}$$

结果为约 2.23 位。明显霍夫曼编码的压缩效率更高。

霍夫曼的故事至此告一段落，他的编码在当时并不是唯一的编码。

算术编码是另一种基于概率的编码方法，最早由彼得·埃利亚斯（Peter Elias）在 1975 年提出。与霍夫曼编码不同，算术编码将整个消息流映射到 0 到 1 的实数区间上，从而实现数据的压缩。算术编码通过对消息流中的符号进行概率建模，并将符号的概率转化为区间长度来编码。

假设我们只有两个字符：A 和 B。在我们的信息中，A 出现的机会是 70%，而 B 出现的机会是 30%。这意味着在消息流的映射区域中，前 70% 的区域代表 A，后 30% 的区域代表 B。

现在，假设我们要编码字符串："AAB"。

步骤 1：编码 A，把目标缩小到前 70% 的区域，即 [0, 0.7)。

步骤 2：再次编码 A，再次把目标缩小到前 70% 的已经缩小后的区域，即 70% 的 [0, 0.7)。这时我们得到 [0, 0.49)。

步骤 3：编码 B，这次把目标缩小到后 30% 的已经缩小后的区域，即 30% 的 [0, 0.49)，得到 [0.343, 0.49)。

结束后，可以选择这最后的区域中的任何值作为你的编码。例如，我们可以选 0.35 来代表 "AAB"。

算术编码的本质是在保留字符排列顺序的同时，对于频率更高的字符，赋予更大的小数区间。这种方法在一定程度上提高了编码效率，在某些情况下，算术编码能获得比霍夫曼编码更高的压缩效率。但这也要求在解码时精确地恢复原始的数值，因此需要使用精确的计算方法。所以算术编码的应用范围并不算太广，但是在某些特殊领域又极为好用。

这些早期的压缩算法在存储和传输资源有限的环境下发挥了重要作用。它们为后来更复杂的压缩算法提供了思想基础，并在计算机科学领域的发展中产生了深远影响。

进入 1970 年代，数据压缩领域迎来了一个重要的发展阶段，出现了一些具有里程碑意义的字典压缩算法，其中最著名的就是 LZW（Lempel–Ziv–Welch）算法。这些算法的出现极大地推动了数据压缩技术的发展，为数据存储和传输提供了更高效的解决方案。

　　LZW 算法的前身是 LZ 算法，由以色列科学家亚伯拉罕·伦佩尔（Abraham Lempel）、雅各布·齐夫（Jacob Ziv）共同提出，名字也是采用了二人姓氏的首字母。

　　LZ 的第一个算法名为 LZ77 算法，它发表在 1977 年亚伯拉罕·伦佩尔和雅各布·齐夫的一篇论文中。这个算法的核心思想是充分利用字典的概念来实现数据的高效压缩。它将输入数据分解成一个序列，并寻找其中重复出现的序列片段。然后，它使用对这些重复序列的引用来替代实际数据，从而实现了数据压缩。这个思想类似于在一本书中使用页码和行号来代替相同的短语或单词，以减小存储或传输的成本。

　　我们假设需要压缩字符串"ABABABABA"。

　　我们将使用一个简化的缓冲区，假定缓冲区的大小为 8 个字符，以方便解释。

　　开始时，缓冲区是空的，因为我们还没有处理过任何字符。所以，我们从左边开始，并输出第一个字符"A"。

　　第二个字符是"B"，没有在缓冲区中重复，所以我们再输出一个字符"B"。

　　第三和第四个字符是"AB"。此时，我们注意到在缓冲区中有一个与"AB"匹配的字符串，所以我们可以输出一个引用，表示"从当前位置回溯 2 个位置，复制 2 个字符"。

　　接下来的字符是"ABABA"。这部分稍微复杂一点。我们首先找到"ABA"这个重复的片段。所以，我们输出一个引用，表示"从当前位置回溯 4 个位置，复制 3 个字符"。

　　当我们完成上述步骤时，整个字符串"ABABABABA"已经被压缩为："AB(2,2)(4,3)"。这里的 "(2,2)" 是一个引用，表示从当前位置回溯 2 个字符并复制 2 个字符；"(4,3)" 则表示从当前位置回溯 4 个字符并复制 3 个字符。

实际的情况要复杂很多，一般情况下这个缓冲区至少有几十 KB 的大小。

LZ77 的后续算法 LZ78 则在 1978 年的续篇论文中被提出。它在某种程度上是 LZ77 算法的延伸，采用了相似的思想。LZ78 算法创建了一个字典，用于记录数据中出现的不同片段，然后使用字典中的索引来替代这些片段，实现了数据的高效压缩。这种方法在处理包含大量重复内容的数据时尤为有效。

当然，LZ78 算法在不同情况下的细节差异会非常大，这里只是一个最基本的概念演示。

LZ 系列的压缩算法最大的优势是不仅不依赖于复杂的理论背景或高深的数学公式，而且巧妙地运用字典的概念，实现了通用数据压缩的目标。这些编码算法被统称为"字典编码器"，并已广泛应用于数据传输和存储领域，有力地提高了数据的传输效率和存储优化。

1984 年，特里·韦尔奇（Terry Welch）在 Sperry 研究中心发表了一篇论文，介绍了他的研究成果，即后来广受欢迎的 LZW（Lempel–Ziv–Welch）算法。LZW 算法实际上是 LZ78 算法的一个变体，尽管如此，它被视为一种独立的编码算法。这个算法继承了 LZ77 算法和 LZ78 算法的压缩效率高和处理速度快的优点，同时在算法描述和实现上更容易理解和接受。因此，LZW 算法被广泛采用，并成为后来许多字典编码算法的基础。

LZW 算法通过建立一个字典来实现数据压缩，将输入数据中的重复序列映射为短的编码，从而实现高效的压缩。算法开始时，字典中只包含单个字符。随着数据流的输入，算法逐步构建起更大的序列并将其添加到字典中，同时将序列映射到字典中对应的编码。这样，当相同的序列再次出现时，只需发送其对应的编码，从而实现了数据的压缩。

我们还是使用字符串"ABABABABA"。

初始化：首先，我们需要初始化一个字典，其中包含所有可能的单个字符。对于这个例子，我们只考虑"A"和"B"。所以初始字典如下：

| 索引 | 1 | 2 |
|------|---|---|
| 字符 | A | B |

从左到右开始读取字符串。首先遇到"A"。字典中有"A"，所以我们继续读取下一个字符，得到"AB"。字典中没有"AB"，所以我们输出"A"对应的索引 1，并将新字符串"AB"添加到字典中：

| 索引 | 1 | 2 | 3 |
|------|---|---|----|
| 字符 | A | B | AB |

继续读取下一个字符组合，即"BA"。同样地，字典中没有"BA"，所以我们输出"B"对应的索引 2，并将"BA"添加到字典中：

| 索引 | 1 | 2 | 3 | 4 |
|------|---|---|----|----|
| 字符 | A | B | AB | BA |

接着，我们遇到"ABA"。字典中有"AB"，所以我们继续读取下一个字符。但"ABA"不在字典中，所以我们输出"AB"对应的索引 3，并添加"ABA"到字典：

| 索引 | 1 | 2 | 3 | 4 | 5 |
|------|---|---|----|----|-----|
| 字符 | A | B | AB | BA | ABA |

最后，我们只剩下单个字符"A"，直接输出其索引 1。

所以，压缩后的输出是：1, 2, 3, 1。

LZW 算法的突出特点在于，它不仅可以处理单个字符，还能够处理更长的序列，因此在处理文本、图像和其他类型的数据时都表现出色。这使得 LZW 成为广泛使用的压缩算法之一，被应用于多个领域，包括通信、存储、图像压缩等。

LZ77、LZ78 和 LZW 是字典编码领域中的三种基本编码算法。它们在数据压缩和解压缩方面都具有卓越的性能，并在数据传输和存储中得到了广泛应用。

字典式编码的确在压缩效果和实际性能上明显超越了霍夫曼编码，特别是在压缩和解压缩速度方面表现出色。这使得 LZ 系列算法在数据压缩领域崭露头角，使用这些算法的工具软件开始快速增加。比如，UNIX 系统率先出现了使用 LZW 算法的 Compress 程序，其性能卓越，很快成为 UNIX 环境下的标准压缩程序。随后，MS–DOS 平台也出现了 ARC 等程序，以及 PKARC 等仿制品。LZ78 算法和 LZW 算法几乎垄断了

UNIX 和 DOS 两大平台上的数据压缩应用领域。

后来，关于 LZ 系列算法的使用发生了一些变化，主要是因为专利权的纠纷。尽管 LZW 算法是 LZ78 算法的一个变体，但由于归 Sperry 研究中心所有，而且首先作为一项商业算法进行了推广，它并没有在开源社区和一般用户之间获得广泛认可。与此同时，LZ78 算法的版权问题也相对模糊，这增加了对其使用的风险。

这一纷争和选择，最终促使 LZ77 算法在开源社区和一般用户中得到广泛应用，成为数据压缩领域的一种常见选择。尽管 LZW 和 LZ78 等算法在某些特定情况下可能具有更好的性能，但由于专利问题，它们的应用受到了限制，而 LZ77 算法成为一种更为广泛接受的解决方案。

随着计算机存储能力的飞速提升，新的无损压缩算法逐渐成为数据处理领域的焦点。这些算法在计算机科学领域中扮演着至关重要的角色，为存储、传输和处理大量数据提供了高效的解决方案。

此后影响最为广泛的是 DEFLATE 算法，它在 20 世纪 90 年代由菲利普·卡兹（Phillip Katz）开发。DEFLATE 算法将多种压缩技术相结合，包括了 LZ77 算法用于字符串匹配和 LZW 算法用于字典编码，还结合了霍夫曼编码以提高编码效率。DEFLATE 算法在实际应用中表现出色，被广泛用于诸如 ZIP 文件压缩、PNG 图像压缩等场景。

而这个算法的背后也有过一场知名的官司。

在 20 世纪 80 年代，BBS 犹如现今的社交媒体平台，对于许多技术爱好者来说是一个信息交流和分享的重要场所。而年轻的菲利普·卡兹就是其中的一员，凭借着对技术的热爱和才华，他深深地投入到这个世界中。

不过，这时的 BBS 社区正面临一个问题。当时，ARC 文件格式在 BBS 社区中广为使用，用于文件压缩和传输。然而 ARC 的商业化策略引起了不小的争议，尤其是用户对其收费制度的不满，对于那些经常使用 BBS 的用户来说，这笔费用显然是一笔不小的开销。

菲利普·卡兹看到了这一点，而且他有能力做些什么。于是，他决定自己动手开发一个程序，命名为 PKARC。这个程序不仅能够压缩和解压缩 ARC 文件，而且完全兼容 ARC，最重要的是，它是免费的。这一举动立即吸引了大量 ARC 用户的目光，因为他们无须支付任何费用，就可以进行文件压缩和解压缩。

这自然触怒了 ARC 的制造商。他们认为 PKARC 不仅威胁到了自己的商业利益，更涉及了知识产权的侵犯。在经过一番考虑后，他们决定将菲利普·卡兹告上法庭，希望能通过法律途径制止 PKARC 的传播。

法庭审理后，裁定菲利普·卡兹停止 PKARC 的开发和传播。这无疑是对他的一次沉重打击，但也让他意识到，虽然技术的进步是不可避免的，但在商业世界中，知识产权同样是不可忽视的。

尽管菲利普·卡兹受到了法律制裁，但这并未磨灭他的斗志。相反，这场官司坚定了他的决心，他要用自己的能力创造出一个更为卓越的产品，让它成为全球的标杆。于是，他决定完全摒弃 PKARC，投身一款全新压缩软件的研发。

经过数周的辛勤努力和不懈研究，菲利普·卡兹带来了一款震撼整个数字世界的压缩软件，它就是 PKZIP。这款软件不仅仅是一个文件压缩工具，它还凭借出色的压缩比、高速的压缩效率和易于使用的界面，很快获得了用户的喜爱和广泛的认可。更为重要的是，卡兹决定将 PKZIP 作为免费软件提供，使得它迅速传遍了全美乃至全球的 BBS 平台。

PKZIP 采用 ".zip" 作为其默认的文件扩展名，很快，ZIP 格式成为 BBS 社区和 Internet 的首选压缩格式。随着 PKZIP 的广泛传播，大量的用户开始转向这一新的标准，BBS 站长们也开始将原先的大量 ARC 文件转换为 ZIP 格式。可以说，PKZIP 不仅成功地取代了 ARC，而且以它的独特优势成为文件压缩领域的领导者。

而 PKZIP 使用的就是 DEFLATE 算法。

在这场技术与商业的对决中，菲利普·卡兹凭借他的智慧、决心和坚韧不拔的努力，成功地击败了一家大型商业公司，并将 PKZIP 推向了新的高峰。ARC 制作公司，曾经的市场领导者，最终未能抵挡 PKZIP 的浩浩荡荡之势，逐渐退出了市场的舞台。而菲利普·卡兹，则成为数字压缩领域里的传奇人物。

很多人使用过的 WinZip 就是在 PKZIP 基础上开发的软件。

菲利普·卡兹的命运是一个典型的天才与悲剧相结合的故事。虽然他在技术领域取得了令人瞩目的成就，但他的生活却并不尽如人意。PKZIP 的成功使他在技术界声名鹊起，但随之而来的是巨大的压力和无尽的责任。

2000 年 4 月 14 日，菲利普·卡兹在一个汽车旅馆里孤独地离开了，为这位技术巨擘的人生画上了一个悲伤的句号。他的遗产，ZIP 压缩格式，如今仍被全世界广泛使用，但菲利普·卡兹自己并未因此获得丰厚的报酬或稳定的生活。

随着多媒体数据在各个领域的广泛应用，有损压缩算法逐渐崭露头角。有损压缩在牺牲一些细节的前提下，实现了更高的压缩率，使得多媒体数据的存储和传输变得更加高效。一些知名的有损压缩算法如 JPEG（图像压缩）和 MP3（音频压缩）等，为多媒体数据的处理和传输提供了重要的支持。

有损压缩算法是一种常见的数据压缩方法，它的核心思想是通过舍弃一些不太重要的信息，来减小数据的大小。这种方法有点类似于你为了在有限空间内装更多物品，而不得不舍弃一些不太需要的物品。

有损压缩主要应用于多媒体数据，如图像、音频和视频等领域。在这些数据类型中，通常存在着大量的冗余信息或者是人类感知系统不太敏感的细节，因此可以通过去除或简化这些信息来实现数据的压缩。

在图像压缩中，有损压缩算法采用了一种重要的策略，即删除不重要的细节。一张图像中有许多微小的像素差异，但对于我们的眼睛来说，这些差异几乎是无法察觉的。这种方法正是利用了人类视觉系统对于一些微小的像素差异不太敏感的特性，将这些微小差异标记为不重要，然后将其删除或者合并。这样一来，图像文件的大小就会显著减小，而对于人的视觉来说，图像的质量可能并没有明显的损失。

这种方法在图像中特别有效，因为图像中的许多细节对于我们的感知系统来说并不是很重要。例如，在一张风景照片中，天空的微小色彩变化、草地上的微小纹理差异等可能对于人的视觉来说几乎是不可察觉的，因此可以被有损压缩算法删除，从而减小图像文件的大小。

需要注意的是，在高压缩比的情况下，删除不重要的细节可能会导致一些视觉质量上的损失。因此，在选择使用有损压缩算法时，需要权衡图像文件大小和视觉质量之间的关系，根据具体的应用需求进行选择。

影响最大的图片压缩算法是 JPEG 格式。其起源可以追溯到 1986 年，当时的静态图像联合专家组（JPEG）为此制定了一个标准。到 1994 年，这一标准正式成为国际上公认的图像压缩规范。

JPEG 魔法的背后，是离散余弦变换（Discrete Cosine Transform, DCT）这一核心技术。通过这种变换，原始的图像数据被转换为频域，从而更容易捕捉到图像中的冗余信息。随后，算法会优先保留人的视觉敏感的部分，而舍去那些我们不太可能察觉的细节，从而达到压缩的效果。用户还可以根据需要调整压缩的质量，这是通过调整一个叫作质量系数的参数来实现的。调整这个参数，就能在图像质量和压缩比之间做出权衡。

对于那些色彩和亮度渐变连续的图像，比如大部分的照片，JPEG 格式可以达到令人难以置信的压缩率。在很多情况下，原始图像可以被压缩到其原始大小的十分之一，甚至更小，同时仍然保持相对较好的视觉质量。而当用户愿意进一步牺牲图像质量时，JPEG 可以实现更加极端的压缩，使图像的体积变得"微乎其微"。

但是，过度压缩可能导致图像出现失真，如马赛克效应或色带。因此，在选择压缩参数时，要根据具体应用和需求进行权衡。尽管如此，得益于 JPEG 的卓越性能和灵活性，它仍然是当今最流行的图像格式之一。

在音频领域最重要的是 MP3 算法。

在今天，MP3 这个术语几乎与数字音乐同义。但是，MP3 的背后有一段长达数十年的技术创新历史。

在 1980 年代初，随着数字技术的兴起，音频行业开始意识到需要一个能够有效存储和传输音频的新格式。传统的音频格式，如 WAV 或 AIFF，虽然提供了无损的音质，但当时的网络速度远不如今天，而存储设备的容量也相对较小，这些格式过大的文件体积，使其在网络上的传输变得相当困难。

正是在这样的背景下，德国的 Fraunhofer 社会研究所开始了他们的研究，目标是开发一个压缩音频数据的方法，同时尽量保持音质的不损失。经过多年的研究，他们创建了 MPEG 音频层 III，其更广为人知的名称则是 MP3。

MP3 的工作原理是基于人类的听觉系统。它利用了一个叫作"精神声学模型"的东西，该模型研究了人耳对音频的感知。简单来说，某些声音（尤其是在高频段）对于人类的耳朵而言是不可听的，MP3 算法就是通过删除这些声音来实现压缩的。

1995 年，Fraunhofer 发明了第一个 MP3 播放器。尽管该设备在当时并没有获得太多的关注，但它为后来的数字音乐播放器革命奠定了基础。随着互联网的普及，MP3 格式迅速流行，因为它使得音频文件可以轻松地在线共享。

然而，MP3 格式的崛起并非没有争议。许多音乐公司对这种技术表示担忧，因为它使得音乐盗版变得容易。此外，尽管 MP3 提供了相当高的压缩率，但音质方面的损失也引起了一些音乐爱好者的排斥。

尽管有这些问题存在，MP3 仍然成功地改变了我们消费音乐的方式。今天，尽管有了其他更先进的音频格式，如 AAC 和 FLAC，MP3 仍然被广大消费者所接受和使用。

有损压缩算法的兴起和应用，使得多媒体数据能够以更高效的方式进行存储、传输和分享。然而，需要注意的是，虽然有损压缩可以显著减小数据体积，但在压缩过程中会牺牲一些数据细节和质量。因此，选择使用有损压缩算法时需要权衡压缩率与数据质量之间的关系，以确保在满足特定需求的同时不影响用户体验。

近年来，随着对数据处理需求的不断变化和技术的不断发展，研究人员开始提出一些创新性的混合压缩算法。这些算法结合了无损和有损压缩的优点，旨在满足不同应用场景的需求，从而在数据存储、传输和处理方面取得更好的平衡。

混合压缩算法的核心思想在于，在不影响数据的主要特征和可用性的前提下，将不同的数据部分分别进行无损和有损压缩，从而兼顾了数据的高效性和质量。这种方法特别适用于那些需要在有限带宽或存储空间内传输和存储大量数据的场景。

例如，对于图像数据，研究人员提出了一些混合压缩算法，将图像的颜色通道进行无损压缩，而将图像的高频细节部分进行有损压缩。这样可以在保留图像的基本外观的同时，显著减小数据体积。音频数据也可以通过类似的方法，将音频的频谱信息无损压缩，同时在一些频率范围内进行有损压缩。

混合压缩算法的出现使得数据处理更加灵活，可以根据不同的需求选择合适的压缩方式。这种方法在各种应用场景中都得到了应用，如音视频传输、医学图像处理、远程传感器数据传输等。通过充分发挥无损和有损压缩算法的优势，混合压缩算法能够在不同领域中实现更高效的数据处理，提升用户体验并减少资源消耗。

# 第十章 古老语言的吟唱：PageRank算法

在信息宇宙的无尽织锦上，PageRank 算法是一位阅读星辰古老语言的诗人，他不仅数着夜空中的明亮点，而且倾听着它们相互间细微的吟唱，绘制出一张隐秘的天图。

设想一下，互联网是一张绵延不绝的星图，每个网页是天空中的一颗星，而 PageRank 算法则如同一位灵魂的星际航者。他不以星的亮度来量度它们的重要性，而是探寻着那些被链接的纽带，那些宛如星辰之间柔弱却不可破的丝线。

这位算法的诗人，他用一种几乎神秘的直觉，通过链接的引力感知网页的重要性，就如同夜空中的星辰通过无声的引力对话。每个超链接都是一首诗，每次点击都是对这首诗的低语，而 PageRank 则在这些诗篇中寻找着最深沉的回声。

在 PageRank 的眼中，互联网成了一场宏大的舞会，每个网页都是旋转的舞者，通过链接交换着舞伴。PageRank 算法则是那个优雅的舞蹈指导，他识别出哪些舞者是聚会中的焦点，谁引领着舞池的节奏。

它不是一位冷冰冰的数学家，而是一位深情的诗人，它以链接为词，以算法为韵，吟咏出互联网生命的节奏。PageRank 给予了每颗星星一个重要性的诗行，让它们在这广阔无垠的网络空间中，找到自己的位置和旋律。

我们的故事要从互联网的诞生说起。

约瑟夫·卡尔·罗宾特·利克莱德（Joseph Carl Robnett Licklider）于 1915 年出生。其父亲在密苏里州的一个农场长大，家庭贫困，但后来他成功地成为圣路易斯一名杰出的保险销售员，这让利克莱德自小接受了优质的教育，最终获得了圣路易斯华盛顿大学的博士学位，随后进入了麻省理工学院执教。

利克莱德于 1960 年发表了一篇名为《人机共生》的论文，该论文被认为是战后科技史上最具影响力的论文之一。他在其中写道："我们期望，不久的将来，人类大脑和计算机将能够密切合作，这个结合体将以人类大脑从未尝试过的方式思考，并以现有的信息处理机所未曾尝试过的方式处理数据。"

在 1962 年 10 月，利克莱德受调令前往华盛顿，被任命领导美国国防部高级研究计划署（ARPA）下的一个新机构，该机构负责信息处理领域的工作。

关于 ARPA 的故事源于 20 世纪初，它的诞生背后有着冷战时期的紧迫需求和科技创新的动力。

二战结束后，美国军方和政府领导层开始认识到，科技创新对国防至关重要。这个时期涌现了一系列的军事和科技突破，比如核武器、导弹技术和雷达系统。然而，冷战的威胁升级，需要更快速、更具创新性的研究和开发。为应对这一需求，ARPA 成立于 1958 年，其任务是推动军事技术创新，确保美国的国防竞争力。

ARPA 的初期项目着眼于多个领域，包括通信、计算机科学和人工智能。ARPA 还在其他领域取得了令人瞩目的成就。然而，ARPA 不仅仅是一个科技创新机构，它还扮演了促进科研和教育合作的角色。ARPA 支持了学术界和工业界之间的合作，为研究人员提供了资金和资源，以便他们能够开展前沿研究。

利克莱德领导的 ARPA 下属机构名为指挥和控制研究局（Command and Control Research），其任务是研究交互式计算机如何促进信息的流动。同时，他还领导一个小组，研究心理因素在军队决策中的作用——利克莱德本身是一位拥有心理学博士学位的专业人士。后来这两部门合并更名为 IPTO（Information Processing Techniques Office，信息处理技术局）。

1967 年 10 月，在加利福尼亚州加特林堡举行的一次后续会议上，一位名为拉里·罗伯茨（Larry Roberts）的科学家提出了一个网络计划。他还为这个网络计划命名，最初称之为 ARPA Net，后来改写为 ARPANET，即阿帕网。

罗伯茨的家庭背景颇为显赫，他的父亲拥有化学博士学位，并曾在耶鲁大学担任教职，还曾动手组装电视机和特斯拉线圈，同时也拥有麻省理工学院的博士学位。罗伯茨深受约瑟夫·利克莱德有关"人机共生"的论文启发，他曾在麻省理工学院的林肯实验室与利克莱德一同工作。然后，1966 年 12 月，拉里·罗伯茨加入 ARPA，担任首席科学家职务。

ARPANET 只是一个较小范围的网络，远未达到互联网的规模。后来，一位刚刚从哈佛大学毕业的博士生鲍勃·梅特卡夫（Bob Metcalfe）在施乐的 PARC 实验室（Palo Alto Research

Center）工作时发明了一项名为"以太网"（Ethernet）的技术。

最初的以太网采用了一种名为"载波侦听多路访问 / 碰撞检测"（Carrier Sense Multiple Access with Collision Detection, CSMA/CD）的通信协议。这种协议允许计算机在发送数据之前监听网络，以确保没有冲突发生。如果两台计算机尝试同时发送数据，它们会检测到冲突，并等待一段随机的时间后重新尝试。这种方法在局域网络中非常有效，它可以让多台计算机共享相同的传输介质，如电缆。

以太网的初始速度为 10 Mbps，但随着技术的发展，它的速度不断提高，分别发展出 100 Mbps、1 Gbps 和更高速度的版本。这使得以太网成为各种应用场景中的首选网络技术，从家庭局域网到企业和数据中心，至今依然有地方在使用。

这一技术迅速催生了大量小范围网络。

1973 年，罗伯特·卡恩（Robert Kahn）试图解决互联网络之间无法互通的问题，并将这个概念命名为"internetwork"，后来简称为"internet"。卡恩寻找文特·瑟夫（Vint Cerf）作为合作伙伴，他们一起提出了 IP 协议（Internet Protocol，互联网协议）和 TCP 协议（Transmission Control Protocol，传输控制协议）。IP 协议规定了如何在数据包标头上标注目的地的细节，有助于确定数据包如何通过网络到达目的地。而 TCP 协议旨在规定如何顺序正确地重新组装数据包、检查数据包是否存在缺失，以及在出现信息丢失时要求重新传输。这两个协议的结合被称为 TCP/IP，它们共同构成了互联网的核心协议。

然而在当时，互联网技术的应用场景并不多，最常用的是电子邮件。

1971 年，美国计算机工程师雷·汤姆林森（Ray Tomlinson）被广泛认为是电子邮件的发明者之一。他在 ARPANET 上实现了第一个网络上的电子邮件传递，他使用符号"@"来分隔用户名和主机名，这一命名方式一直沿用至今。

电子邮件的发展在 20 世纪 70 年代迅速推进，尤其是在学术界和军事机构中。不同的电子邮件系统开始出现，如 SNDMSG、CPYNET 和 ARPANET 的 CYPNET，它们允许用户在相同系统内发送和接收消息。然而，这些早期系统通常是封闭的，只允许用户在同一系统内通信。

20 世纪 80 年代初，一项重要的发展是简单邮件传输协议（Simple Mail Transfer Protocol, SMTP）的引入，它成为电子邮件传递的标准协议。SMTP 定义了邮件服务器如何在互联网上传递电子邮件。这一标准的制定加速了不同电子邮件系统之间的互操作性，允许用户跨系统发送和接收电子邮件。

此外，域名系统的出现也是一个重要的变革。

1973 年，由 ARPA 支持的计算机科学家保罗·莫克拉和杰伊·普塞尔提出了一个名为"名称/地址映射器"（NAMER）的概念，旨在解决跨系统接发电子邮件的问题。然而，这个概念没有在当时付诸实践。

1977 年，计算机科学家丹·莱恩（Dan Lynch）在斯坦福大学提出了一个名为"分布式计算机通信组"（Distributed Computer Communications Group）的项目，旨在简化互联网上的主机名与数字 IP 地址之间的映射。这个项目最终导致了

DNS 的发展。

1983 年，保罗·莫克拉和杰伊·普塞尔的 NAMER 项目与丹·莱恩的分布式计算机通信组项目合并，形成了 DNS 的原型。DNS 的设计基于层次结构，类似于树状结构，其中最高层是根域（root domain），然后是顶级域（top-level domain），然后是子域（subdomain），依此类推。这种结构使得域名可以分层管理，使其更具扩展性。

1984 年，DNS 正式被引入互联网，成为互联网命名和寻址系统的标准。最初，DNS 使用了一份称为"HOSTS.TXT"的文件，其中包含了主机名和对应的 IP 地址列表，这个文件由 SRI 国际（SRI International）维护。然而，随着互联网规模的增长，这种基于文件的系统变得不再适用，因此 DNS 的分布式数据库体系结构被广泛采用。

随着时间的推移，DNS 不断发展和完善，增加了更多的顶级域（如 .com、.org、.net 等），并引入了各种类型的 DNS 记录，用于支持不同的网络服务，如电子邮件、网站、FTP 等。这使得 DNS 成为互联网上不可或缺的一部分，它允许我们使用方便的域名来访问网站、发送电子邮件和进行各种在线活动。

而真正让我们可以随意浏览网络信息的技术，来自一位名叫蒂姆·伯纳斯 – 李（Tim Berners–Lee）的英国人。

蒂姆·伯纳斯 – 李出生于 1955 年，与比尔·盖茨和史蒂夫·乔布斯同年。他的父母都是计算机科学家，曾参与曼彻斯特大学的"费伦蒂·马克一号"计算机的开发工作。

蒂姆·伯纳斯－李曾经考虑过进入商界，他在牛津大学求学时甚至尝试过购买微处理器。他和几位朋友一起着手设计了一些计算机主板，然后试图销售它们。然而，这个尝试最终以失败告终。在当时的英国，特别是牛津，并不像硅谷那样充满了对计算机主板这类产品的浓厚兴趣。

蒂姆·伯纳斯－李真正改变世界的灵感来自他在欧洲核子研究组织（CERN）担任顾问时的经历。欧洲核子研究组织位于瑞士日内瓦附近，是国际性的高能物理研究机构，成立于 1954 年，是全球最大的粒子物理实验室之一，也是最重要的核子和粒子物理研究中心之一。在那里，他的工作是记录大约一万名研究人员和计算机系统之间的联系，同时尝试解决这一庞大研究群体之间的沟通问题。

然而一直到合同到期，他也没能解决这个问题。

在接下来的几年里，蒂姆·伯纳斯－李在英国的一家软件公司工作。然而，他逐渐对这份工作失去了兴趣，于是向欧洲核子研究组织申请了一个研究员的职位。他在 1984 年 9 月重新回到欧洲核子研究组织，加入了一个工作小组，负责收集整理欧洲核子研究组织内部的所有实验结果。

蒂姆·伯纳斯－李重新开始了自己的研究，并很快想到了一个杰出的概念，即"超文本"（hypertext）。超文本是一种经过编码的单词或短语，当被点击时，会跳转到另一个文档或内容，类似于我们现在在互联网上点击链接的方式。实际上，超文本的概念在更早之前就已经出现，1963 年，技术预言家泰德·尼尔森（Ted Nelson）曾经设想过一个名为"Xanadu"的项目。在这个项目中，每条信息都配有双向的超文本链接，使用户可以通过这些链接来回浏览相关信息。

蒂姆·伯纳斯 – 李将这一概念引入了他的工作，并开始构思一个基于超文本的信息共享系统。到了 1990 年底，他已经成功设计了一整套工具，以实现他构想的网络。这包括用于在线交换超文本的超文本传输协议（HTTP），用于创建网页的超文本标记语言（HTML），一个用于检索和显示信息的基础浏览器应用软件，以及一个用于响应网络请求的服务器软件。

这些关键组件构成了世界上第一个 Web 系统的基础，也被称为 World Wide Web（万维网）。通过这一创新，人们能够轻松地在互联网上创建、分享和浏览超文本文档。

蒂姆·伯纳斯 – 李坚信万维网的协议应该是免费开放共享的，并且永远归入公共领域。这是因为万维网的设计初衷就是为了促进信息分享和协作，而不应受制于私有知识产权。这一想法得到了欧洲核子研究组织的支持，他们在一份文件中宣布放弃该代码的所有知识产权，包括源代码和二进制形式，同时允许任何人自由使用、复制、修改和再分发它。这一决策使万维网成为开放源代码项目的杰出典范，对互联网的发展产生了深远影响，也被认为是史上最重要的开源项目之一。也是这一个决定，最终推动了互联网的大规模扩展，以及全球信息共享和互联的迅速普及。

1993 年，互联网还处于起步阶段，世界各地的计算机科学家和研究人员在寻找一种更加便捷的方式来共享信息和资源。正是在这个关键时刻，一位名叫马克·安德森（Marc

Andreessen）的年轻计算机科学家与他的团队推出了一项突破性的创新，即网页浏览器 Mosaic。这一创举不仅标志着互联网新纪元的开始，还铺平了今天我们所熟知的网页浏览器的道路。

马克·安德森当时还只是伊利诺伊大学香槟分校的研究生，与同事埃里克·比纳（Eric Bina）一起于 1992 年开始了 Mosaic 项目的开发。他们的目标很简单，希望创建一个用户友好的界面，能够让人们轻松地在互联网上查看文本和图像。这个愿望推动着他们前进，尽管那个时候，互联网的内容主要是基于文本的。

Mosaic 的核心技术是图形用户界面（GUI），这使得浏览互联网变得更加直观和容易操作。用户可以通过点击链接来访问其他网页，而不再需要手动输入复杂的指令。这一概念在今天的 Web 浏览器中已经变得司空见惯，但在当时，这是一项革命性的创新。

浏览器 Mosaic 的发布引发了轰动，它在互联网上的传播速度超乎想象。人们开始使用 Mosaic 来浏览互联网上的内容，这在当时是一种前所未有的体验。这也催生了更多的网站和内容的开发，推动了互联网的普及。

和万维网一样，Mosaic 的成功不仅在于技术上的创新，还在于它的开放性。马克·安德森和他的团队将 Mosaic 发布为免费软件，任何人都可以使用它，这进一步推动了互联网的扩展和发展。后来，Mosaic 的代码成为 Web 浏览器 Netscape Navigator 的基础，进一步巩固了互联网的地位。

而我们的互联网还需要有内容。

1994 年，两位斯坦福大学的研究生杨致远（Jerry Yang）和大卫·费洛（David Filo）出于兴趣爱好开始了一个项目。他们创办了"杰瑞和大卫的万维网指南"（Jerry and David's Guide to the World Wide Web），这是一个简单的列表，上面列出了他们最喜欢的网站。随着这个列表的增长，为了更好地组织内容，他们开始对网站进行分类。很快，这个项目吸引了大量的用户，他们都渴望在日益扩张的互联网上找到有趣的内容。

意识到他们创造的东西的潜在价值，杨致远和费洛决定为其重新命名，并选择了"雅虎"（Yahoo!）这个名字。据说，这个词是由"另一套非官方分层体系"（Yet Another Hierarchically Organized Oracle）的首字母缩写形成的，但也有说法认为他们只是喜欢这个词的感觉和含义。

1995 年，雅虎正式成立，并迅速崭露头角，吸引了大量投资者和广告商的注意。同年，公司成功获得首次风险投资，金额为 100 万美元。到了 1996 年，雅虎已经在纳斯达克上市。

雅虎的增长速度非常迅猛。在 2000 年互联网泡沫达到顶峰时，雅虎的市值一度超过了 1250 亿美元。然而，随着泡沫破裂，公司的股价大幅下跌，但这并没有阻止雅虎继续在其他领域扩张，比如购物、新闻和电子邮件服务。

雅虎时代的互联网，确实为用户提供了丰富的信息和服务，但其核心模式主要依赖于目录式的网页分类和人工编辑推荐。这种方式虽然在早期的互联网时代具有创新性和实用性，但随着互联网内容的爆炸式增长和用户需求的多样化，这种模式逐渐暴露出了它的局限性。

首先，由人工编辑进行内容分类和推荐的效率极其有限。随着网络上的信息越来越多，人工编辑难以做到全面覆盖，这就意味着很多优质的内容可能会被遗漏，用户也就无法通过雅虎这个平台来发现这些内容。其次，内容的推荐缺乏个性化。人工编辑推荐使得所有用户看到的内容基本上是一样的。这种一刀切的推荐方式无法满足用户多样化和个性化的需求，导致用户体验不佳。最后，用户的主动性受到了极大的限制。在雅虎的模式下，用户更多是被动接受信息，而不是主动寻找信息。这种情况下，用户的互联网体验更像是在翻阅一本杂志，而不是在使用一个互动性强、能够满足个性化需求的平台。

为了解决这些问题，后来的互联网公司开始探索新的模式，比如以谷歌为代表的搜索引擎，让用户能够通过关键词主动搜索找到他们需要的信息。

而谷歌搜索的核心技术就是 PageRank 算法。

PageRank 算法是由谷歌的创始人之一拉里·佩奇（Larry Page）和谢尔盖·布林（Sergey Brin）于 1996 年发明的，它被广泛应用于现代搜索引擎中，对于网页排序和搜索结果的呈现起着至关重要的作用。

1996 年，拉里·佩奇和谢尔盖·布林正在斯坦福大学攻读博士学位，面对互联网的迅速扩张和网页数量的日益庞大，他们开始探索一种更智能、更有效的方法，以在这些浩如烟海的信息中找到有价值的搜索结果。当时正值互联网的爆发时期，如何在海量网页中准确地呈现与用户查询相关的信息成为一项极具挑战性的任务。

在佩奇和布林的研究中，他们深刻认识到一个有趣而重要的现象：一个网页的价值可以通过其他网页指向它的链接数量来反映。这个想法催生了一个创新性的概念，即通过网页之间的链接关系来评估它们的重要性。他们推导出的核心观点是，如果许多不同的网页都链接到同一个网页，那么这个被链接的网页可能具有更高的权威性和价值。

基于这一思想，佩奇和布林提出了一种全新的算法，即 PageRank 算法。这个算法的核心思想是将互联网看作一个由网页组成的图，其中网页是节点，链接是连接这些节点的边。他们的目标是通过分析这个图的结构，为每个网页分配一个"排名"值，即 PageRank 值，以衡量其在整个网络中的重要性。

PageRank 算法就像是对互联网上的网页进行投票，从而找出最有影响力的网页，然后按照影响力来排序。

想象一下，互联网就像一个庞大的投票系统，每个网页都是一张候选票，而链接则是选票。当其他网页链接到某个网页时，就像是投了一张票，表示这个网页很重要。但是，这些投票者本身也有不同的影响力，他们的投票权重会影响到被投票的网页。这就是 PageRank 算法的奇妙之处，它综合考虑所有链接和投票的关系，然后计算每个网页的影响力得分。

你可以把这个得分看作是网页的排名。如果一个网页受到很多其他网页的链接，而且这些链接的网页自身也很有威望，那么这个网页的得分就会相对较高。就好像是这个网页收到了很多重要人士的投票一样。相反，如果一个网页虽然有一些链接，但链接它的网页影响力不大，那么这个网页的得分就会较低。就好像是虽然有一些投票，但是这些投票者都是无业的流浪汉。

PageRank 算法并不是一次性计算出所有网页的排名，而是通过反复迭代逐渐调整每个网页的得分，直到这些得分趋于稳定。这个过程就像是一次又一次的选举，每一轮都根据之前的投票情况重新计算每个网页的得票数，然后根据得票情况重新分配影响力。

随着迭代的进行，越来越多的网页的得分会趋向稳定，不再发生大的变化。最终，我们就能够得出一个相对稳定的排名结果，显示出在整个互联网中哪些网页拥有更高的影响力。这种迭代计算的方式确保了排名的准确性和公正性，让搜索引擎能够更好地为用户呈现最相关、最有质量的搜索结果。

当你在使用搜索引擎查找特定主题时，搜索结果中排名靠前的网页往往是与你搜索内容最相关且质量较高的网页。这种排序是通过 PageRank 算法来确定的。假设你在搜索引擎中输入"人工智能技术发展"，搜索引擎会根据网页的 PageRank 分数来排列搜索结果。

如果有一个权威性的科技网站或大学网站发布了关于人工智能技术发展的详细文章，并且很多其他类似的科技网站都链接到了这篇文章，那么这个页面的 PageRank 分数会较高。因为很多网页"投票"支持这篇文章，而且这些网页本身也有一定的影响力。

我们生活中也有很多类似的例子。

例如，你正在考虑购买一本关于健康饮食的书，你决定在社交媒体上询问朋友是否有好的建议。如果有很多朋友回复并提到同一本书，说它提供了有用的信息，是一个权威的健康饮食指南，那么这本书就类似于在 PageRank 算法中获得高分的网页。

在这个例子中，你的朋友可以被看作是链接到这本书的"网页"，他们的回复就像是"投票"支持这本书的内容。如果许多有影响力的朋友都推荐这本书，那么这本书的"分数"就会相对较高，表示它在社交圈子中被认为是有价值且有影响力的资源。因此，你可能会倾向于购买这本书，因为它在你的社交网络中获得了较高的推荐，就像在搜索引擎中排名靠前的网页一样。

1996 年，拉里·佩奇和谢尔盖·布林共同发表了一篇重要的论文，题为《PageRank：为互联网带来秩序》(*The PageRank Citation Ranking: Bringing Order to the Web*)，详细阐述了 PageRank 算法的原理及其在整个互联网上的应用。这篇论文对于互联网搜索和信息检索领域的发展产生了深远的影响。

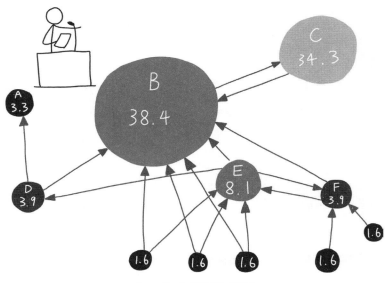

PageRank 算法的示意图

　　这篇论文里强调 PageRank 算法的意义在于："搜索引擎技术必须极大规模地扩展才能赶上互联网的发展步伐。在 1994 年，最早的 Web 搜索引擎之一，World Wide Web Worm（WWWW）已经索引了 11 万 Web 页面和文档。到了 1997 年的 11 月，顶级的搜索引擎声称所索引的页面数量从 200 万到 10 亿。可以想象到 2000 年，索引全部的 Web 将需要超过 10 亿的文档。同时，搜索引擎需要处理的查询请求也会有难以想象的增长。在 1994 年 3 月到 4 月间，World Wide Web Worm 平均每天收到 1500 个查询。而到了 1997 年的 11 月，AltaVista 声称，它平均每天要处理大约 2000 万个查询。随着 Web 的用户和使用搜索引擎的自动系统数量的增加，到 2000

年，顶级的搜索引擎每天将会需要处理数以亿计的查询。我们的系统的目标是解决这些由搜索引擎大规模扩展所带来的问题，包括质量和可扩展性。"

此外，佩奇和布林还强调，PageRank 算法在帮助整理互联网上的信息、提供有用的搜索结果以及改善用户体验方面潜力巨大。他们认识到，这个算法可以为用户呈现更加有价值和更相关的网页，从而提高了信息检索的效率和准确性。

值得注意的是，佩奇和布林不仅在论文中详细描述了PageRank 算法，还获得了该算法的专利。这确保了他们的创新在算法领域的独特性，并为他们未来的发展奠定了重要的基础。

通过他们的研究和努力，PageRank 算法成为他们搜索引擎的核心组成部分，为互联网搜索带来了革命性的变革：佩奇和布林将 PageRank 算法成功应用于他们正在开发的搜索引擎项目，这个搜索引擎就是如今众所周知的谷歌。1998 年，佩奇和布林正式创立了谷歌公司，并在斯坦福大学的一间车库里开始了他们的创业征程。在公司成立初期，谷歌只有三名员工，其中包括佩奇和布林。他们的首个办公地点便是一个小型车库，这个车库也因此成为谷歌公司的传奇起源地。

这里有个很好玩的故事，在公司创立的时候，有人建议他们把公司的名字叫作"Googol"，意思是 10 的 100 次方，即1 后面 100 个 0 的数，但是布林拼错了这个名字，就变成了"Google"。

从最初的车库办公室开始，谷歌逐渐发展壮大，吸引了更多的人才和投资。谷歌的搜索引擎迅速获得了用户的喜爱和认可，使其在互联网领域迅速崭露头角。PageRank 算法成为谷歌的核心技术之一，为其提供了独特的竞争优势，使其成为全球最受欢迎和最常用的搜索引擎之一。

PageRank 算法的引入使得谷歌很快成为搜索引擎领域的佼佼者，其准确性和有效性引起了广泛的关注。随着互联网的不断发展，PageRank 算法也经历了不断的优化和调整，以适应不同的网络环境和用户需求。

2004 年，谷歌在纳斯达克交易所上市，并成功募集了高达 17 亿美元的资金，成为当时互联网历史上引人瞩目的一次创纪录的首次公开募股。这一重要时刻不仅标志着谷歌在商业领域的巨大成就，也在全球范围内引发了极大的关注和期待。

随着上市成功，谷歌迅速进入了新的发展阶段。公司以其独特的搜索引擎技术为基础，开始不断探索拓展自身的业务领域。在此后的时期里，谷歌推出了一系列广受欢迎的产品和服务，为用户提供更加便捷和创新的体验。其中，谷歌地图的问世让人们可以在陌生的地方轻松找到方向，Gmail 为电子邮件通信带来了全新的界面和功能，谷歌 Chrome 浏览器则提供了更快速和高效的上网体验。

这些创新的产品和服务不仅丰富了人们的日常生活，也为谷歌在科技领域的影响力奠定了坚实的基础。从此之后，谷歌不仅在搜索引擎领域占据了主导地位，还成为科技创新的引领者之一，影响着人们的工作、学习和娱乐方式。

随着移动互联网的迅速崛起，谷歌在智能手机领域迎来了新的发展机遇。2007 年，谷歌在技术和创新的引领下，发布了备受瞩目的安卓操作系统。这个全新的移动操作系统不仅带来了前所未有的用户体验，也开启了智能手机时代的新篇章。

随着安卓的发布，谷歌迅速在智能手机市场占据了重要地位。逐步演进的安卓系统为手机用户带来了更加强大和多样化的功能，与此同时，也为手机制造商提供了灵活的操作系统选择。由于其开放性和定制性，安卓迅速成为全球范围内最受欢迎的手机操作系统之一，赢得了众多用户的青睐。

随着时间的推移，谷歌逐渐从一家创业公司发展成为全球科技行业的巨头。其不断创新的技术和产品不仅影响着人们的日常生活，还在商业、科研和社会各个领域发挥着重要作用。如今，谷歌已经成为全球最有价值的科技公司之一，其市值超过 1.5 万亿美元，彰显了其在科技创新和商业领域的卓越地位。

尽管如今谷歌已经站在科技巨头的地位，其搜索排名算法已经演进并涵盖了更多的因素，但 PageRank 依然是谷歌算法体系的一个核心组成部分。作为早期推出的重要算法之一，PageRank 为搜索引擎的排名机制提供了坚实的基础，深刻地影响着搜索结果的呈现方式和用户的搜索体验。

PageRank 算法也应用到了其他的地方。

来自伦敦的两位数学家，哈维尔·洛佩斯·佩纳（Javier López Pena）和雨果·杜塞特（Hugo Touchette）都是热衷于足球的球迷。他们决定进行一项研究，以探究谷歌的算法是否能够帮助他们分析关于世界杯参赛球队的情况。

这两位数学家的研究方法颇具创意。他们将每位球员视为一个类似于网站的实体，而球员之间的传球则被视为网站之间的链接。这种类比认为，传球是一种信任的表现，因为球员通常会避免将球传给那些容易失误的队友。只有那些具备出色控球技能的球员才会获得队友的信任，从而得到传球。

他们依赖国际足联提供的 2010 年世界杯传球数据，对球员实力进行了排名和分析。在对英格兰队的比赛进行深入研究时，他们发现了史蒂文·杰拉德（Steven Gerrard）和弗兰克·兰帕德（Frank Lampard）这两位中场球员的数据明显高于其他球员。这一发现揭示了一个关键信息：球队频繁选择将球传递给这两位中场球员，而如果对他们进行有效的限制，可能导致英格兰队在比赛中表现不佳。同时数据分析结果显示，最终夺冠的西班牙队并没有过于依赖明显的核心球员。这凸显了整支球队成功贯彻了"全攻全守"的战术理念，最终为西班牙队赢得了世界杯冠军，让他们荣登冠军领奖台。

这个算法还应用到了各种场景里，有教授研究了 19 世纪的作家，通过 PageRank 算法得出了一个结论：简·奥斯丁（Jane Austen）和沃尔特·司各特（Walter Scott）是那个时代影响力最大的作家。

PageRank 算法确实在互联网的发展历史上扮演了举足轻重的角色。它通过对网页之间链接的分析，计算出网页的重要性，从而大幅提升了搜索引擎的搜索结果质量。这一算法的成功应用，使得人们能够在茫茫网络世界中更加快速、准确地找到自己所需的信息，极大地改善了人们的信息获取方式。

与此同时，另一类帮助人们获取信息的算法——推荐系统，也开始崭露头角，并逐渐在各个领域发挥着越来越重要的作用。推荐系统通过分析用户的历史行为数据、社交网络关系、内容特征等多个维度的信息，为用户推荐他们可能感兴趣的内容或商品。这种基于用户兴趣和行为的个性化推荐，极大地提升了用户的体验，也帮助企业实现了更精准的市场定位和商品推广。

推荐系统的成功应用，如 Netflix 的电影推荐、亚马逊的商品推荐等，不仅帮助用户在信息的海洋中找到了真正感兴趣和需要的内容，也推动了个性化服务在互联网领域的广泛应用。这种以用户为中心，通过算法理解和满足用户需求的方式，再一次改变了人们的信息获取和消费方式，推动了互联网从以搜索为主导向以推荐为主导的转变。

推荐系统的基本原理是利用用户的历史行为数据来预测和推断出用户可能感兴趣的内容。这些行为数据可能包括用户的浏览记录、购买历史、评分和评论等。通过运用一系列复杂的算法，推荐系统能够对这些数据进行深入分析，并最终生成一个个性化的推荐列表。

协同过滤是推荐系统中一种经典的方法，它主要依赖于评估用户之间的相似性。这个方法可以进一步细分为基于用户的协同过滤和基于物品的协同过滤。基于用户的协同过滤关注寻找相似用户的喜好，然后向目标用户推荐这些相似用户喜欢的产品；基于物品的协同过滤则侧重寻找用户已经表达喜好的产品的相似项，并将它们推荐给用户。

与协同过滤不同，内容推荐方法主要依赖于对产品本身属性的分析。系统会评估用户过去喜欢的产品的特征，并在整个产品库中寻找具有相似属性的产品进行推荐。

为了克服单一推荐方法的局限性，混合推荐应运而生，它结合了协同过滤和内容推荐的优点，提供更为精准的推荐结果。这种方法的实现方式多种多样，包括将协同过滤和内容推荐的结果进行加权组合，或者在同一模型中综合考虑用户行为和产品属性信息。

近些年，随着技术的不断进步，现代推荐系统开始引入深度学习、自然语言处理等先进技术，对用户的行为和产品的内容进行更加深入的挖掘和分析。这不仅极大地提高了推荐的准确性，也使得推荐结果更加丰富多样。

而我们也要进入人工智能的世界了。

# 第十一章　智慧之树的枝丫：神经网络

在智慧的世界里，神经网络如同生命之树的细胞，串联着知识的光与影，它们在数字的土壤中生长，编织着复杂的梦境，用电子的语言诠释着世界的奥秘。

一个由光与电交织的森林，每一棵树都是一个思考的个体，它们的根触及深邃的数据层，枝叶摇曳在算法的风中。这些树木，我们称之为神经网络，它们的枝丫是由加权的连接构成，叶片是由激活函数展开，汲取着信息的阳光，呼吸着经验的空气。在这样的网络森林中，每一次数据的流动就像是风过树梢的低语，每一个节点都在倾听这风声，解读它，再将自己的理解传递给下一个节点。这些节点，如同树干上的环节，记录着成长的岁月，刻画着学习的痕迹。每一层神经网络都是一个故事层，它们层层递进，从简单的情节到复杂的转折，直到最终织出一个完整的故事。这个故事讲述了数据从原始到理解的转变，是一个关于认知的演化。而学习的过程，就像是树木间的长者悄然传递秘密的仪式。通过反向传播的神秘力量，每个节点都从结果中汲取智慧，修剪自己的权重和偏见，使得整个森林更加茁壮，更加贴近真实世界的复杂面貌。

这个由神经网络构成的森林，每一次计算不仅是电流的流动，更是知识的积累和淬炼。它们不断地学习，不断地成长，最终能够以一种超越人类直觉的方式理解世界。

从阿兰·图灵开始，绝大多数计算机科学家都会涉及人工智能相关的内容，在图灵奖的获奖者中，直接研究人工智能的就超过了十分之一。甚至可以说人工智能的发展和计算机的发展几乎是同步的。

人工智能的整体发展有一个非常清晰的时间脉络，第一个阶段是纯粹的摸索期，时间是从 20 世纪初期到 1974 年。

之所以这一期间人工智能有显著的发展，是因为受到了当时科幻小说风潮的直接影响，其中最主要的是阿西莫夫的《我，机器人》。该书首次出版于 1950 年，由 9 篇相互关联的短篇故事组成，每篇故事都围绕着一个核心主题：随着科技进步，机器人将如何影响人类社会的各个方面，从家庭生活到工业生产，再到深层次的伦理和哲学思考。

书中的机器人并不是常见的冰冷无情的金属巨人，而是被编程遵循三大法则的复杂存在。这三大法则包括：机器人不得伤害人类，或因不作为而使人类受到伤害；机器人必须服从人类给予的命令，但这不得违反第一法则；机器人必须保护自己的存在，但不违反前两条法则。这些法则在首次提出时看似简单，但每个故事都展示了在复杂情境中应用这些法则会带来的种种问题和困境。阿西莫夫用细腻的笔触描述了机器人在各种情境下的反应，这些情境既幽默，又充满了戏剧张力。

随着人们对科幻小说中机器人的幻想越来越丰富，人工智能也就成为计算机发展的终极命题之一，许多杰出学者都曾深入研究人工智能领域，比如克劳德·香农。1950 年，仅在发表《通信的数学理论》后的第二年，他就撰写了一篇论文，探讨了有关机器下棋的课题。不仅如此，在 1951 年，他还成功设计出一台能够解决迷宫问题的计算机。

克劳德·香农的灵感受到了约翰·冯·诺伊曼和奥斯卡·摩根斯特恩合著的《博弈论与经济行为》一书的启发。这本书深入探讨了博弈论的基本原理，包括博弈中的策略和决策，及其在经济学和社会科学中的应用。香农的算法更偏向博弈论的角度，使用计算机来分析棋局并考虑可能的步骤，然后通过评估函数来分析不同走法可能导致的局势。这种方法代表了人工智能领域在博弈和决策方面的早期研究。

再早之前，图灵也做过类似的研究。图灵的程序基于搜索算法，尝试从一系列可能的棋步中选择最佳的。但在当时，还没有一台通用计算机可以运行这个程序，因此图灵不得不扮演计算机的角色，按照自己编写的程序与同事下国际象棋。这个过程非常耗时，每走一步都需要半个小时，结果图灵输掉了比赛。

但图灵依然是那个时代对人工智能影响最大的学者。

图灵曾创作一篇论文，标题为《计算机器与智能》（*Computer Machinery and Intelligence*），文章详细阐述了他对机器智能的观点。这篇论文为计算机科学的发展奠定了重要基础。图灵在开篇时提出了一个引人深思的问题："机器会思考吗？"

为了应对这个复杂的问题，图灵提出了"模拟游戏"（Imitation Game）的概念，也就是我们现在所说的"图灵测试"。他认为这是一种科学方法，用以评判计算机是否具备智能。这个评判标准并不取决于计算机是否能够下棋或者走迷宫，而在于它是否能够有效地与人类进行沟通和交流。

在图灵测试中，有三个主要参与者：评审员，被测试的计算机程序，以及一个人类控制组，也就是真人。这三者通过书面对话进行互动。测试的目标是评估评审员是否能够在对话中明确辨别出哪一个是计算机程序，哪一个是真人。如果评审员无法确定，那么计算机程序就被认为通过了图灵测试，表现出了人工智能。

图灵测试着重于自由对话，允许对话涵盖多个主题。这是因为图灵认为，真正的智能不应该受限于特定领域，而应该能够自由地理解和回应各种话题。

评审员通常是盲测，也就是说，他们不知道他们正在与计算机程序还是真人进行对话。这是为了确保评审员不受到任何先入为主的观点的干扰，从而能够作出客观的判断。

图灵测试的提出引发了关于机器智能和人工智能的深刻思考。它强调了机器是否能够表现出智能的外部行为，而不是关注其内部工作机制。尽管图灵测试为人工智能领域的研究提供了一个重要的框架，但它也引发了一些争议。

一些人认为，通过模仿人类对话，计算机程序可能会欺骗评审员，但这并不一定代表它真正具有智能或理解能力。此外，图灵测试并没有提供清晰的标准来衡量智能的不同方面，如理解、学习和创造性思维。

尽管存在争议，但未来的计算机科学家依然寄希望于让自己的机器通过图灵测试。

前文我们提到过在达特茅斯学院的那一次激动人心的会议，现在我们又要回到当时。而这一切要从另外一个年轻人讲起。

马文·明斯基出生于 1927 年的纽约，有一个姐姐和一个妹妹。尽管他的父亲是眼科医生，但年幼的明斯基似乎对化学和新兴的电子学更感兴趣。他从小就在私立学校接受教育，表现非常出色，他的天赋显而易见。在 5 岁时，他参加了一次智力测试，结果优异，超出了他年龄的水平。

高中毕业后，明斯基在美国海军服役了一年，随后进入哈佛大学进行学业。一开始，他选择了物理专业，但很快对遗传学、数学、音乐和人工智能产生了浓厚的兴趣，尽管他并不认同主流理论。明斯基常常光顾哈佛大学心理学系和生物系的实验室，进行各种实验，例如解剖小虾并观察它们的神经元。但最终明斯基还是选择了道路更为宽广的数学专业。

明斯基逐渐被神经生理学家沃伦·麦库洛赫（Warren McCulloch）和数学家沃尔特·皮茨（Walter Pitts）的研究所吸引。在 1943 年，沃伦·麦库洛赫和沃尔特·皮茨联手提出了一个简化的神经元模型，被称为"M-P 神经元"，为神经网络的起源和发展奠定了重要基础。这一模型揭示了一个基本的人工神经元的运作方式，为人工智能领域的进一步研究和发展打下了基石，然而，它的功能相对有限，仅能进行简单的逻辑运算，无法应对更为复杂的任务。

麦库洛赫和皮茨的 M-P 神经元模型的灵感来源于生物神经元的结构和功能。他们将神经元的活动抽象为一个二进制的激活状态，模拟了生物神经元的兴奋与抑制过程。每个 M-P 神经元都有多个输入，当输入的激活状态达到一定阈值时，神经元会被激活并输出一个信号。这一模型的关键在于，它能够进行逻辑运算，比如 AND、OR、NOT 等，为简单的计算任务提供了解决途径。

然而，M-P 神经元也有其局限性。由于它是一个简化的模型，无法处理复杂的问题，也不能表现出人类大脑的高度智能。在解决更为复杂的任务时，单一的 M-P 神经元无法胜任，需要更加复杂的网络结构和学习算法。正是基于 M-P 神经元的基础，神经网络的研究逐渐发展起来，引发了后续深度学习等领域的重要突破。

麦库洛赫和皮茨的 M-P 神经元模型为人工神经网络的发展起到了先驱作用，揭示了神经元工作的基本原理，为构建更为复杂和强大的神经网络奠定了基础。

当然，神经元的核心理论出现得更早一些。1890 年，实验心理学先驱威廉·詹姆斯（William James）在他的重要著作《心理学原理》中首次详细探讨了人脑的结构和功能。在这本书中，他提到神经细胞受到刺激后可以被激活，并且这种激活可以将刺激传递到其他神经细胞。他还强调了神经细胞的激活是所有输入刺激的叠加结果，这一理论为后来的神经科学和心理学研究提供了重要的基础。

这些理论深深地吸引了明斯基。

前往普林斯顿大学攻读博士学位期间，明斯基在 1951 年制造了一台人工神经网络的原型机，这标志着他对人工智能和神经网络的研究迈出了重要的一步。然而，明斯基的研究已经脱离了传统的数学领域，甚至没有使用当时普遍的计算机框架，这导致学校对他的毕业资格产生了疑虑。

在当时，人工智能和神经网络还是一个非常新颖的研究领域，大多数人都对这些概念感到陌生。因此，明斯基的研究方式被认为是非传统的，甚至有些风险。毕业委员会犹豫不决，不确定是否应该授予他博士学位。

最终，在冯·诺伊曼的支持下，明斯基成功地获得了博士学位。

在 1954 年，明斯基获得博士学位后，得到了一些杰出科学家的一致支持，包括冯·诺伊曼、克劳德·香农和诺伯特·维纳，最终被任命为哈佛大学的研究员。

1956 年，在新罕布什尔州的达特茅斯学院，一群志同道合的科学家和研究者齐聚一堂，举行为期一个月的集体研讨会。马文·明斯基是这次会议最早的组织者之一，只不过在那一群人中，他当时只是无名之辈而已。这次历史性的会议被认为是人工智能领域的开创性时刻，其组织者除了明斯基，还有克劳德·香农、约翰·麦卡锡和纳撒尼尔·罗切斯特（Nathaniel Rochester）。与会者也包括了一些杰出的思想家，包括雷·所罗门诺夫（Ray Solomonoff）、奥利弗·塞尔弗里奇（Oliver Selfridge）、特雷查德·摩尔（Trechard More）、阿瑟·塞缪尔（Arthur Samuel）、赫伯特·西蒙和艾伦·纽厄尔。这些人后来都成为人工智能领域的杰出先驱，也正是在这次研讨会上，"人工智能"（Artificial Intelligence）这个术语首次被确定下来。

这次会议的重要性在于它会集了一群杰出的科学家，他们共同探讨了人工智能的概念、目标和可能性。他们提出了一系列问题，如计算机如何模拟人类智能，如何实现学习和解决问题，以及如何创建能够理解和处理自然语言的计算机系统。

这场会议后的很长时间里，全世界的计算机科学家和数学家陷入了人工智能的狂热中。

艾伦·纽厄尔和赫伯特·西蒙是早期知名的两位人工智能学者。

纽厄尔在 1949 年获得了博士学位，并开始了他在兰德公司的职业生涯，后来他转到卡内基梅隆大学，那里成为他科学研究的主要舞台。纽厄尔与西蒙合作密切，他们一起开发了多种计算模型来模拟人类思维过程，其中最著名的是通用问题求解器（General Problem Solver），这是一个旨在模拟人类学习和解决问题的程序。纽厄尔和西蒙的合作不仅推动了认知科学的发展，也奠定了人工智能作为一个学科的基础。纽厄尔对人类认知过程的研究有着深远的影响，他提出了多种理论来解释人类如何处理信息，如何记忆，以及如何学习。

西蒙最为人熟知的可能是他在决策理论和认知心理学方面的工作。他提出了"有限理性"（Bounded Rationality）的概念，挑战了传统经济学中的"理性人"假设，强调在决策过程中，人类的认知资源是有限的，因此人们往往会寻求满足性的而非最优的解决方案。这一理论对后来的经济学、管理学和认知心理学产生了深远的影响。西蒙也成为可能是有史以来在跨度最大的两个学科都获得最高荣誉的人。1975 年，西蒙和纽厄尔一起获得了计算机科学的最高荣誉——图灵奖。1978 年，西蒙又获得了诺贝尔经济学奖。

1971 年的乒乓外交打开了中美交流的大门，西蒙作为美国计算机科学代表团的成员首次踏足中国，开启了他与中国学术界长达数十年的深厚友谊与合作。他对中国文化和学术的深刻理解，使得他在后来的交流中扮演了重要的桥梁角色，促进了中美两国在科学研究和学术交流方面的合作。西蒙对中国的热情不仅体现在频繁的访问和交流中，还体现在他对汉语的学习和对中国文化的深刻理解上。他在 70 多岁时仍然坚持学习汉语，并为自己取了一个中文名字"司马贺"。1994 年，赫伯特·西蒙被选为中国科学院外籍院士。

早在 1958 年，艾伦·纽厄尔和赫伯特·西蒙充满信心地宣称，未来十年内，计算机将夺取国际象棋的最高荣誉，并解开一个重大的数学之谜。但现实比他们的预期要严峻得多。事实上，直到距离他们提出预测近 40 年后的 1997 年，IBM 的超级计算机"深蓝"才成功击败了国际象棋宗师卡斯帕罗夫。

在 1965 年，赫伯特·西蒙作出了一个大胆的预测：在接下来的 20 年里，机器将能够执行所有人类可以完成的工作。他的这种设想，反映了那个时代对人工智能充满希望的乐观态度。但是，历史告诉我们，这样的愿景即使到了今天，仍然远未实现。科技的进步确实使得机器能够处理更多的任务，但与人类的全面能力相比，还有很长的路要走。不过，纽厄尔和西蒙的开创性思想并未被忽视。事实上，他们的远见被美国政府所认可，特别是由美国国防部高级研究项目署（DARPA）给予的支持，为他们在卡内基梅隆大学的研究项目提供了重要的资金来源。

在 1967 年的一次演讲中，明斯基预言道："在我们这一代人的生命周期内，我们将基本解决创建'人工智能'的问题。"到了 1970 年，他再次坚定地表达，认为在短短 3—8 年内，就可以制造出一台具有人类平均智能的计算机。这种预期虽然现在看来过于乐观，但在当时为人工智能领域营造了浓厚的研究氛围。明斯基的这些预测，虽然与实际情况有所偏离，但他的乐观态度和对未来的信念显然感染了不少人。尤其是在 1963 年到 1970 年代，当时的美国国防部高级研究项目署 也深受其影响，每年为麻省理工学院的人工智能实验室提供高达 300 万美元的资金支持。

在这个时期，计算机科学和人工智能领域还非常年轻，不仅研究者很年轻，研究的内容也很年轻。

除了明斯基外，约翰·麦卡锡也是当时最重要的人物之一。

1927 年 9 月 4 日，约翰·麦卡锡出生于美国马萨诸塞州波士顿，父亲做过木匠和渔民，而母亲是一名新闻记者。麦卡锡于 1948 年获得加州理工学院数学学士学位，1951 年获得普林斯顿大学数学博士学位。此后先后在普林斯顿大学、斯坦福大学、达特茅斯学院、麻省理工学院和斯坦福大学任教。

约翰·麦卡锡和明斯基在麻省理工学院时做过同事，他在早期人工智能领域发挥了重要作用。麦卡锡认为，要实现机器智能，必须依靠数理逻辑。当时，语言学家艾弗拉姆·诺姆·乔姆斯基（Avram Noam Chomsky）的研究引起了广泛关注。乔姆斯基发现人类语言的结构（句法）与其所要表达的意思（语义）存在差异。受到乔姆斯基的影响，麦卡锡一直努力使用逻辑和逻辑化的计算机语言来使计算机具备推理和思考的能力。

麦卡锡的工作为一些计算机语言的开发铺平了道路，最著名的是 LISP（LISt Processing），一种基于数学逻辑的编程语言，特别适用于人工智能研究。因为它允许处理符号和符号推理，这对于模拟人类思维和语言处理非常重要。此外，麦卡锡还参与了 PROLOG（Programming in Logic）编程语言的开发，这是一种基于逻辑编程的语言，用于专家系统和人工智能应用。

约翰·麦卡锡的贡献为人工智能领域奠定了重要的基础，他开发的编程语言成为人工智能研究和应用的重要工具。

1963 年，约翰·麦卡锡来到斯坦福大学，创立了自己的人工智能实验室。与此同时，明斯基和西摩尔·帕普特（Seymour Papert）在麻省理工学院联合创立了人工智能研究小组（Artificial Intelligence Group），后来演变为现在的麻省理工学院人工智能实验室。他们的研究小组主要致力于数学与计算项目（Project on Mathematics and Computation）。

在约翰·麦卡锡离开麻省理工学院后的几年里，马文·明斯基和西摩尔·帕普特研究了大量与人工智能有关的问题。在这个期间，人工神经网络突然引起了一帮学者的关注。

如果读者朋友喜欢看电影，应该很早就听过神经网络这个词，在《终结者 2》电影中，施瓦辛格扮演的"终结者"机器人就这样说过："我的 CPU 是一个神经网络处理器，一个会学习的计算机。"

1957 年，明斯基的老同学弗兰克·罗森布拉特（Frank Rosenblatt）设计了一个更为先进的神经元模型，称为"感知机"（perceptron）。这个模型与麦库洛赫和皮茨设计的简单神经元模型"M–P 神经元"基本相同，只是对输入信号的权重进行了些许调整，权重值可以在 –1 到 1 之间浮动，此外，它的阈值也是可以调整的。罗森布拉特还设计了一套拓扑结构图，用于描述神经元之间的联系：神经元网络分为三层，它们分别是输入层（input layer）、内部隐藏层（internal hidden layer）和输出层（output layer）。

感知机的设计对人工智能领域产生了重要影响，因为它模拟了神经元之间的连接方式，可以用于模式识别和分类问题。这一创新开辟了神经网络研究的新方向。

感知机是一个简单的模型，用来根据输入的特征来做决策，比如区分猫和狗。它好比一个有点聪明的小盒子，你给它一些信息，它就能告诉你这是猫还是狗。

假设我们用两个特征来描述动物：体重和叫声的音高。我们把这两个信息告诉感知机。感知机内部有一套规则来判断：它会根据体重和叫声的重要性给这两个特征分配不同的权重，然后把加权后的体重和叫声加在一起，再加上一个固定的数（我们叫它偏置）。

得到最终的分数后，感知机用一个特殊的规则（叫作激活函数）来决定这是猫还是狗。一种常见的规则是：如果分数是正的，就说这是猫；如果分数是负的，就说这是狗。

但感知机并不是一开始就能聪明地做决策的，它需要学习。在学习阶段，我们给它一些已经知道答案的例子（比如这是猫，那是狗），感知机会根据这些例子调整它内部的权重和偏置，直到它能正确地区分猫和狗为止。

虽然感知机很聪明，但它也有局限。最大的局限是它只能处理能用直线分开的情况。如果你有一堆猫和狗的数据，你画在图上，只要你能用一根直线把猫和狗分开，感知机就能学会怎么区分它们。但如果猫和狗混在一起，没有一根直线能把它们分开，感知机就束手无策了。

为了解决这个问题，人们发明了更复杂的模型，把很多感知机连在一起，形成了神经网络。

神经网络是一种受到人脑工作方式启发而设计的计算系统，其核心是通过多个层级的节点（也就是神经元）进行信息的处理和传递。这些层级通常分为输入层、隐藏层和输出层，每个层级都承担着不同的任务和功能，共同协作完成复杂的数据处理和学习任务。

输入层是神经网络的第一层，负责接收外界输入的数据。这些数据可以是图像的像素值、文本数据或者其他形式的原始数据。输入层的神经元数量通常取决于输入数据的维度。例如，对于 $28 \times 28$ 像素的手写数字图像，输入层可能会有 784 个神经元，每个神经元对应图像中的一个像素点。

隐藏层位于输入层和输出层之间，可以由一个或多个层级组成。隐藏层的神经元通过加权连接与输入层相连，通过这些连接传递和处理数据。隐藏层的神经元数量和层数是可以调整的超参数，它们影响着网络的容量和学习能力。隐藏层的每个神经元都会对从前一层传入的数据进行加权求和，然后通过一个激活函数进行非线性变换。激活函数的作用是引入非线性因素，使得神经网络能够学习和处理近似复杂的函数关系。

输出层是神经网络的最后一层，其神经元的数量通常取决于任务的类型。对于分类任务，输出层的神经元数量通常等于类别的数量。输出层的神经元同样通过加权连接与前一层的神经元相连，它们对输入数据进行最终的处理和输出。输出层的输出值通常会通过一个特定的激活函数进行变换，以满足任务的需求，如 Softmax 函数用于多分类任务中将输出转化为概率分布。

在这些层级中，权重和偏置是网络学习的主要参数。在训练过程中，神经网络通过反向传播算法和梯度下降法不断调整这些参数，以最小化预测输出和真实标签之间的差异，从而提高模型的性能和准确度。

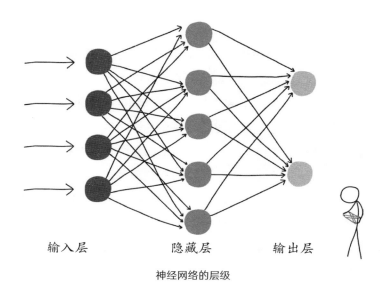

输入层　　　　　隐藏层　　　　输出层

神经网络的层级

举一个最简单的例子，假设我们要在神经网络里判断一张图片中的形象是人还是猫，首先在输入层里提取关键信息，这里我们只提取三点：躯干、皮肤和脸型。如下图：

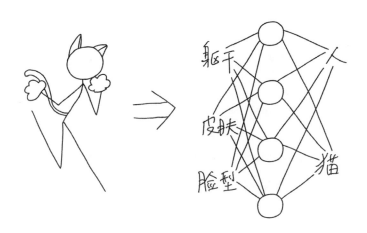

对于躯干、皮肤和脸型的不同判断，隐藏层里会逐步提高此形象是人的可能性，当完成所有的判断以后，神经网络判断其是人的可能性已经远大于猫了，所以给出了是人的结论。

事实上，神经网络和感知机的发展并不顺利，反而遇到了一个极大的阻碍。人工智能领域在其早期就产生了两个主要的学派：符号主义和连接主义。关于如何构建具有智能的计算机系统，这两个学派代表了不同的观点和方法。

符号主义的核心观点是认为人工智能系统可以通过理解和操作符号或规则来表现智能。符号主义者相信，通过处理和推理符号，计算机可以模拟人类的认知过程。这意味着人工智能系统应该能够理解自然语言的语法和语义，以及以符号的方式表示知识和信息。这种方法在早期的专家系统中得到了广泛应用，专家系统使用规则和符号来模拟领域专家的知识和决策过程。符号主义强调了知识表示和推理的重要性，认为这是实现人工智能的关键。明斯基、赫伯特·西蒙都是主要的符号主义拥护者。

连接主义是一种不同的思想流派，它强调了模拟神经网络和大脑学习过程的重要性。连接主义者认为，机器可以像人脑一样学习和适应环境，而不是依赖于预先编程的规则。他们构建了人工神经网络，这些网络由许多简单的处理单元（神经元）组成，这些单元之间通过连接进行信息传递。通过调整连接的权重，神经网络可以自动学习并执行各种任务，包括模式识别和分类。连接主义强调了学习和数据驱动方法的重要性，认为这是实现智能的途径之一。

从 1960 年代末至 1970 年代初，符号主义和连接主义都在人工智能领域取得了发展，但符号主义稍微占据了上风。

这一时期，Dendral 系统、Mycin 系统等专家系统项目模拟领域专家的知识，并在化学分析和医学诊断等领域取得了成功。其中，Dendral 系统用于化学分析，可预测分子结构。而 Mycin 系统识别可能导致急性感染的各种细菌，根据患者的体重推荐药物。Dendral 系统的创造者分别是赫伯特·西蒙的学生爱德华·阿尔伯特·费根鲍姆（Edward Albert Feigenbaum）和乔舒亚·莱德伯格（Joshua Lederberg），费根鲍姆获得了 1994 年的图灵奖，而莱德伯格获得了 1958 年诺贝尔生理学或医学奖。Dendral 系统在当时可以说是集合学术圈最优质的资源于一体。

因此，符号主义在早期的人工智能研究中占据了主导地位。而早期的连接主义研究受到了计算资源和理论基础的限制，因此相对边缘化。

同时，马文·明斯基在后来的研究中对连接主义产生了一定程度的怀疑，并在其图书《感知器》中对这一模型进行了评价。在书中，马文·明斯基和西摩尔·帕普特提出了一些批评感知器的观点，并指出了其局限性。他们特别强调了感知器模型在解决一些复杂问题时的限制，包括不能解决异或问题（XOR 问题）。明斯基认为感知机就像在一个房间里，如果只能用一根绳子把站在里面的人分成两组，而绳子不能弯曲，那么某些情况下是无法做到完美分组的。这些批评导致了对连接主义的质疑，并为符号主义提供了支持。马文·明斯基和西摩尔·帕普特的观点在一段时间内对连接主义研究产生了一定的抑制作用。

人工智能领域经历了一段艰难的时期，被称为"人工智能的冬天"。这一时期，感知机的失败成为人工智能研究的一个重要事件。早期的自然语言处理项目也遭遇困难，机器翻译的尝试也备受嘲笑和批评。

马文·明斯基在 1969 年获得了图灵奖，这被视为对符号主义的认可，因为他在人工智能领域的工作强调了知识表示和符号处理的重要性。这一荣誉确实在一定程度上提升了符号主义的声誉和地位。

然而，连接主义并没有因此而彻底消失。弗兰克·罗森布拉特在 1968 年的文章中提出了一些连接主义的观点和解决方案，尽管当时未引起广泛的重视，但后来的研究者在这一领域取得了进展。1971 年，弗兰克·罗森布拉特不幸遭遇事故身亡。

1973 年，英国科学研究委员会发布了一份报告，对人工智能领域的研究工作进行了深入批判。报告指出，人工智能研究投入了大量的人力和物力资源，但结果令人失望，

于是人工智能发展的第一阶段到此戛然而止。

之后，明斯基还有过一个非常知名的创造 —— 框架理论（Frame Theory），其核心概念是"框架"（Frame）。框架是一种数据结构，用于表示一个特定类型的情景、对象或事件。每个框架包含了一组属性和相应的值，这些属性描述了该框架所代表的情景的各种特点。框架还可以包含指向其他框架的链接，以及处理特定情况的过程。

假设我们有一个代表"餐厅"的框架。这个框架可能包含如下属性和值:

| 类型 | 餐厅 |
|------|------|
| 名称 | 空缺(待填写) |
| 地址 | 空缺(待填写) |
| 菜单 | 指向一个"菜单"框架的链接 |
| 服务员 | 一个包含"服务员"框架列表的字段 |
| 装饰风格 | 空缺(待填写) |

当我们想要描述一个具体的餐厅时,比如"王记川菜馆",我们可以创建一个新框架,继承"餐厅"框架的结构,并填入具体的信息:

| 类型 | 餐厅 |
|------|------|
| 名称 | 王记川菜馆 |
| 地址 | 建国路 1234 号 |
| 菜单 | 指向王记川菜馆特有菜单的框架 |
| 服务员 | 小李、小王、小张 |
| 装饰风格 | 川味特色,红色灯笼,木质桌椅 |

框架理论对人工智能和认知科学有深远的影响。它为理解人类是如何存储和处理复杂的知识结构提供了一个有力的框架,并对后来的语义网络、面向对象编程和知识表示等领域产生了重要影响。在计算机视觉和自然语言处理等任务中,框架也被用来模拟人类的感知和理解过程。在人工智能领域,框架被用来构建知识库,以支持推理和问题解决。

我们回到人工智能的发展上,第二阶段是从日本开始的。

1980 年代，是人工智能史上的一个转折点。这一时期，伴随着技术的飞速进步和政府的大力支持，人工智能领域掀起了前所未有的热潮。各国纷纷投入巨资，希望在这一潜力巨大的科技领域占据领先地位。

在这一背景下，1981 年，日本经济产业省宣布了一项宏大的计划：第五代计算机项目。它不再是以增加计算速度或存储容量为目标的传统计算机项目，而是希望创建一种新型计算机，这种计算机不仅能高效计算，还能进行人类智能的核心活动，如与人对话、翻译语言、解释图像，甚至进行复杂的推理。为了实现这一雄心勃勃的计划，日本经济产业省拨款高达 8.5 亿美元。这一投资规模在当时是史无前例的，充分反映了日本对人工智能未来的坚定信心。

不甘落后的英国也紧随其后，启动了耗资 3.5 亿英镑的 Alvey 工程。该项目旨在推动英国的信息技术研究，特别是在人工智能、软件工程和先进的微处理器领域。

而在大洋彼岸的美国，国防部高级研究计划署（DARPA）也对人工智能的潜力表示出浓厚的兴趣。为了加速人工智能的研究和应用，DARPA 成立了战略计算促进会，大幅增加了对人工智能领域的资金支持。仅仅 4 年时间，其 1988 年的人工智能领域投资就已是 1984 年的 3 倍。

这一时期的巨额投资和高度期望，为人工智能的发展注入了新的活力。各种创新的研究项目和实验室如雨后春笋般涌现，人工智能进入了一个全新的黄金时代。然而，这些宏大的项目和高昂的投资也给研究者们带来了巨大的压力。很多技术，尤其是与自然语言处理和机器推理相关的技术，仍然处于初级阶段，距离日常应用还有很长的路要走。

事实上，第五代计算机项目并没有取得预期的突破性成功。

首先，该项目的愿景过于雄心勃勃。当时的技术基础和研究背景尚未完全准备好迎接如此大规模和高复杂度的挑战。而且，人工智能在那个时期仍然是一个相对年轻和有待探索的新兴领域，许多基本问题都尚未得到明确的答案。其次，日本的研究方法过于封闭。尽管有强大的国家资金支持，但该项目的研究团队并未广泛地与国际社区合作或分享进展，这限制了他们获取新思路和新策略的机会。最后，技术发展和创新的路径是无法预测的。当时，人们普遍相信基于逻辑的计算方法是人工智能的关键，但后来的发展表明，基于数据和统计的方法，例如神经网络和深度学习，才是引领人工智能前进的主要驱动力。

随着第五代计算机项目的不断推进，预期与实际结果之间的差距也变得越来越明显。这导致了对人工智能的疑虑和失望，不只在日本，在全球范围内也是如此。结果便是投入人工智能的资金开始大幅减少，研究者们也纷纷转向其他领域。

这就导致了人工智能领域的又一次大萧条。

日后人工智能比较大的突破是遗传算法的应用，发明人是约翰·霍兰德（John Henry Holland）。

约翰·霍兰德于 1929 年出生在美国印第安纳州的韦恩堡。霍兰德从小就展现出出色的智慧，他的父母给他买了化学实验玩具，让他尽情地探索和玩耍。他的父母也会与他下国际象棋，培养他在智力游戏方面的兴趣。此外，霍兰德对制作玩具潜水艇等小型机械装置也充满浓厚的兴趣。但与一些计算机领域的先驱者，如明斯基等人不同，霍兰德从未有机会进入专业培训的学校，而是在当地一所规模很小的学校接受教育。

尽管没有接受精英教育，约翰·霍兰德仍然在全国物理联考中表现出色，获得了第三名的好成绩，并因此获得了麻省理工学院的奖学金。于是，1946 年，霍兰德进入了麻省理工学院，主修物理学。在大四那年，他使用当时新开发的计算机"旋风"完成了自己的学术论文。这个宝贵的经验为他赢得加入 IBM 第一台商用计算机 701 的规划小组的机会。

在 IBM 工作期间，霍兰德很快意识到自己是团队中唯一有实际计算机编程经验的人。同时，IBM 公司正在接待多位知名学者，这让霍兰德有机会与计算机领域的先驱人物如约翰·麦卡锡、约瑟夫·利克莱德、约翰·冯·诺伊曼等会面。麦卡锡甚至亲自教他下围棋。在 IBM 工作期间，霍兰德与他的上司纳撒尼尔·罗切斯特一起开发了神经网络模型，并成功地发明了第一个赫布型神经网络。

在研发过程中，他们数次前往麦吉尔大学，拜会了唐纳德·赫布。工作一年半后，霍兰德决定攻读博士学位。IBM 允许他夏季继续工作，冬季前往学校上课。鉴于密歇根大学的数学系实力雄厚，他选择在那里攻读博士学位。

在攻读博士学位期间，约翰·霍兰德的兴趣逐渐转向了数学领域。正是在这个时候，他遇到了阿瑟·伯克斯（Arthur

Burks）。伯克斯当时正在筹备一个通信科学项目，他认为霍兰德可能会对这个项目感兴趣，于是邀请霍兰德一同参与。

阿瑟·伯克斯对计算机科学有着深刻的理解，他是世界上第一台电子计算机 ENIAC 项目的高级工程师，并曾与冯·诺伊曼一起在普林斯顿高等研究院工作。显然，约翰·霍兰德从他那里学到了很多。

约翰·霍兰德毕业后决定留在学校继续深造并担任教职。不过，不久之后，学术界掀起了一股新的研究浪潮，即通过虚拟生物在自然选择的压力下适应环境来进行研究。霍兰德开始阅读英国数理统计学家罗纳德·费希尔（Ronald Fisher）的著作《自然选择的遗传原理》（*The Genetical Theory of Natural Selection*）。这本重要的数学著作探讨了自然进化研究中的关键概念，特别是关于生物体如何根据所处环境的不同而适应性地发生变化的理论。

费希尔的研究揭示了自然选择的机制，强调了适应度与环境的互动。他的理论不仅深刻影响了生物学领域，也激发了一些计算机科学家的兴趣。费希尔的工作为后来的进化算法提供了理论基础，这些算法试图模拟生物进化的过程，使虚拟生物能够适应不断变化的环境。

约翰·霍兰德的解决方案是创造一种计算机模型，他将其称为遗传算法。这个算法是一种基于进化思想的模型，其中包含了一个由众多独立个体构成的种群，每个个体都携带着一组基因，这些基因以二进制数字的形式表示。

在遗传算法中，每个个体的基因组都代表了潜在解决问题的可能方案。这些基因组可以看作是候选解决方案的编码。遗传算法通过不断迭代的方式，模拟自然进化的过程。在每一代中，个体会根据其适应度（即解决问题的能力）被选择、复制和交叉组合，以生成新的后代个体。同时，基因会经过变异，引入随机性，以便在搜索空间中进行探索，从而找到更好的解决方案。

遗传算法的核心思想是通过自然选择、遗传变异和遗传交叉等操作，不断优化种群中的个体，使其能够适应特定问题的要求。

而真正意义上为未来人工智能发展带来突破的是深度学习。

# 第十二章　知识梦境的行者：深度学习

在知识的王国中，深度学习是那不息的梦想者，沉睡于数据的海洋，探寻着智慧的奥秘，在每一层的梦境中潜行，邂逅意识的珊瑚与直觉的深渊。

数据不再是生硬的数字，而是星辰下的沙粒，每一粒沙都是一道题，每一题背后都隐藏着宇宙的诗行。深度学习，像是一位神秘的海底行者，它的足迹跨过隐藏在深层网络的宫殿，这些宫殿里面镶嵌着无数的小窗，每扇窗户都向着更深的认知世界敞开。

这个探潜者，携带着算法的灯笼，不断深入知识的深海。它透过层层的神经网络，抚摸着加权的纹理，触碰着激活函数的脉搏，它跟随着梯度下降的波纹，穿梭于误差的海藻之间，寻找着捷径，直至最深的理解。

在这场无声的探索中，每一次的学习都是一次对深渊的呼唤，每一个模型的训练都是对无垠黑暗的抚慰。它在追求中变得洞察秋毫，它的灵魂在数据的歌声中振翅高飞，直至触摸到知识的边界，感受到智慧的辉光。

前文多次提到过，国际象棋一直被视为人类智慧的极限挑战之一，因此，开发具有国际象棋智能的计算机程序一直是人工智能领域的重要任务之一。国际象棋的 AI 发展史可以追溯到 20 世纪中期，从最早的尝试到现代深度学习的应用，这个领域经历了漫长而令人激动的演变。

20 世纪 50 年代，包括阿兰·图灵在内的早期的计算机科学家开始尝试编写计算机程序来模拟国际象棋比赛。然而，那个时代的计算机性能非常有限，这些尝试主要是基于规则和启发式方法的。一些早期的国际象棋程序使用了一些简单的策略，如最小最大算法，来模拟棋局并作出下棋决策。但这些程序在面对更复杂的棋局时却表现平平。

1960 年代，随着计算机性能的提升，国际象棋 AI 取得了一些进展。IBM 的贝尔斯兰计算机首次赢得了国际象棋比赛，它使用了一种基于规则的方法，但只能处理较为简单的棋局。这是国际象棋 AI 发展史上的一个重要里程碑，表明计算机可以在这个领域做出有趣的事情。

然而，直到 20 世纪 90 年代，国际象棋 AI 才迎来了真正的变革。

1996 年，深蓝（Deep Blue）首次挑战国际象棋世界冠军加里·卡斯帕罗夫。尽管最终深蓝输给了卡斯帕罗夫，但这次比赛展现了计算机在国际象棋中的潜力。深蓝是一个巨大的计算机系统，长约 2 米，重达 1.4 吨，拥有巨大的计算能力。在对战卡斯帕罗夫之前，它经过了大量的优化和训练，以便能够应对世界级棋手的挑战。深蓝的快速计算和深入搜索使其能够预测未来数步的棋局，并作出更优秀的决策。

一年后，1997 年，深蓝再次挑战卡斯帕罗夫。这次比赛被视为国际象棋史上的重大时刻。经过 6 场激烈的比赛，深蓝以 3.5 比 2.5 的比分战胜了卡斯帕罗夫，这次胜利标志着计算机首次击败了国际象棋世界冠军。

在比赛的前三局中，双方势均力敌，战成了平局。然而到了第六局，卡斯帕罗夫在比赛中只走了 19 步，就感到自己无法战胜深蓝，最终选择了投降。这一刻，他表现出无助的手势和失望的表情，凸显了人类在这一局棋局中的失败。卡斯帕罗夫在比赛后承认，他被深蓝令人难以置信的探索能力所征服。这场比赛不仅是一盘棋局的胜负，更被认为是机器智能向人类发起挑战，展示其强大能力的一个标志性事件。

而进入 21 世纪以后，几乎随便一台家用电脑上的国际象棋程序，都有了接近世界冠军的水平，国际象棋已经被人工智能彻底攻陷了 。

2011 年 2 月 14 日至 16 日，IBM 的沃森计算机参加了美国一档知名智力竞赛节目——《危险边缘》，并在三轮比拼后脱颖而出，赢得了比赛。这场比赛不仅是技术的展示，更是人工智能领域的一次重大突破。

在节目中，沃森的对手是两位《危险边缘》节目的前冠军。为了让沃森能够应对这样的竞赛，计算机科学家为其编写了专门用来竞赛的程序。这个程序使沃森能够快速排除问题中的非关键词，如冠词、介词等，从而准确识别出有意义的单词。接着，沃森会在其内存中存储的约 2 亿页文本中搜索与这些关键词相关的单词及可能是答案的句子。这 2 亿页文本包括了整个维基百科、大量的百科全书、各种词典、各种索引文献、新闻信息以及文学作品，所有这些数据都被存储在容量为 16TB 的随机存取存储器（RAM）中。

成千上万个实词和专有名词构成了一个庞大的词条列表，每个词条都对应了其可能出现的文章、网页或文本。沃森的系统会检索是否存在某个文档包含了问题中出现的关键词，接下来的任务就是在该文档中找到正确答案。

整个过程需要在极短的时间内完成，展示了沃森惊人的计算能力和信息检索能力。

但这一期间，人工智能依然缺乏明显的进步，而根本原因是硬件处理能力受限。

事实上，整个人工智能行业的发展和硬件发展直接相关。

在计算机的黎明时代，中央处理器（CPU）是主宰计算的主要部件。它负责执行计算机指令、处理数据并管理系统运行。然而，随着计算机图形学的发展，特别是三维游戏和专业应用的增长，有了对更强大的图形处理能力的需求。这导致了图形处理器（GPU）的诞生。GPU 最初的设计目标是加速图形渲染，它能够并行处理大量的像素和顶点操作。

正是这种强大的并行处理能力，使得 GPU 逐渐被视为人工智能和深度学习领域的理想选择。特别是在深度神经网络的训练过程中，需要处理大量的数据和进行数百万次的数学运算。CPU 虽然可以执行这些操作，但它们在设计上更适合顺序处理任务，而深度学习的许多计算任务天然就是并行的。

在 2007 年之前，使用 GPU 进行编程面临着诸多挑战，其中一个主要问题是缺乏一个简单的软件接口。编写 GPU 程序往往烦琐且容易出现错误，导致调试和修复问题变得困难。然而，在 2007 年，英伟达（NVIDIA）推出了 CUDA（Compute Unified Device Architecture）这一 GPU 软件接口，这一创新真正改善了 GPU 编程的情况。

在 2009 年 6 月，斯坦福大学的拉亚·蕾娜（Rajat Raina）和吴恩达（Andrew Ng）合作发表了一篇重要论文，题为《用 GPU 进行大规模无监督深度学习》（*Large-scale Deep Unsupervised Learning using Graphic Processors*）。这篇论文中的模型包含了一个庞大的参数数量，即各层不同神经元之间的连接总数达到了一亿。这篇论文的研究结果显示，相对于传统的双核 CPU，使用 GPU 进行计算的速度最快可以提升近 70 倍。

这一突破性的工作加速了深度学习和神经网络研究的发展，为更快速地训练和部署复杂的神经网络模型提供了重要的技术支持。同时，CUDA 和 GPU 编程也成为现代计算机科学中的重要领域之一。

ImageNet ILSVRC 2012 竞赛是神经网络方法第三次兴起的标志性事件。

2012 年，杰弗里·辛顿（Geoffrey Hinton）的团队在人工智能领域取得了重大突破。杰弗里·辛顿、亚历克斯·克里日夫斯基（Alex Krizhevsky）和伊利亚·苏茨凯弗（Ilya Sutskever）这三位科学家在当年的 ImageNet Large Scale Visual Recognition Challenge（ILSVRC）中取得了突破性的成绩，并因此声名鹊起。

这场比赛是计算机视觉领域最著名和最具影响力的比赛

之一，要求参赛者的算法对大量图像进行分类，将其分配到 1000 个不同的类别中。这个任务非常具有挑战性，因为它不仅需要算法能够识别图片中的对象，还需要它能处理各种大小、角度和光照条件下的图片。

辛顿和他的团队提交的算法名为 AlexNet，这个算法使用了一个深度卷积神经网络（CNN），并运行在两个 GPU 上。AlexNet 包含了五个卷积层、三个全连接层以及多个最大池化层和归一化层，其使用了 ReLU（Rectified Linear Unit）作为激活函数，以避免传统的 Sigmoid 函数在训练深层网络时可能出现的梯度消失问题。此外，为了减少过拟合，AlexNet 还引入了 Dropout 和数据增强技术。AlexNet 在 ImageNet ILSVRC 2012 比赛中的表现远远超过了其他参赛算法，将错误率降低了将近 11%，从而确立了深度学习在计算机视觉领域的主导地位。

他们结合了杨乐昆（Yann LeCun）的卷积神经网络（Convolutional Neural Network，CNN）以及辛顿自己在深度置信网络方面的调优技术，取得了惊人的成就。这一成就让深度学习技术开始占据人工智能领域的头条新闻，受到了广泛的关注和追捧。辛顿、杨乐昆以及他们的学生因此成为人工智能领域的杰出人物，备受推崇，就如同摇滚明星一般。

在本书第一章讲过乔治·布尔家族是知名的学术世家，杰弗里·辛顿也是其中一员，乔治·布尔是他爷爷的外公。从某种意义上说，这个家族在两个时代推动了计算机和人工智能的进步。

真正引起普通人关注深度学习的是一场比赛。棋类的智商极限一直是围棋，被认为是永远无法逾越的高墙，但是这堵墙也在 21 世纪的第二个十年松动了。

AlphaGo 的诞生是由于 DeepMind 的团队在谷歌旗下开展了深度强化学习的研究。他们使用了深度神经网络，通过数百万局围棋对局的数据来训练 AlphaGo。这一过程不仅需要庞大的计算能力，还需要精心调整的算法。DeepMind 的研究人员致力于解决来自围棋的挑战，因为它拥有比国际象棋等其他智力游戏更广泛的可能性和策略。

在 2015 年，AlphaGo 首次挑战了一位世界级的围棋选手，欧洲围棋冠军樊麾。AlphaGo 以 5 比 0 的比分获胜，震惊了围棋界。这次胜利展示了人工智能在围棋领域的巨大潜力，并为 AlphaGo 的进一步发展铺平了道路。

然而，AlphaGo 的最大突破发生在 2016 年，它挑战了世界围棋冠军李世石。这次比赛成为全球焦点，吸引了数百万人在线观看。AlphaGo 以 4 比 1 的比分战胜了李世石，再次证明了人工智能的强大潜力。这个胜利在科技界和围棋界引发了广泛的讨论，同时也引发了对人工智能的更多关注。

2017 年，人工智能再次取得了令人震惊的胜利，这一次的对手是世界围棋冠军柯洁。比赛分为三局，第一局发生在 2017 年 5 月，AlphaGo 以 2.5 目的微弱优势战胜柯洁，引起了一番轰动。第二局比赛也以 AlphaGo 的胜利结束，尽管这次的差距更大，但柯洁表示他从 AlphaGo 的下棋风格中学到了许多新的东西。在第三局比赛中，AlphaGo 继续展现出强大的实力，最终以 3 比 0 的比分击败了柯洁。

AlphaGo 成功的背后，早就有所铺垫。

早在 2006 年，杰弗里·辛顿就在《科学》和相关期刊上发表了一系列开创性的论文，引入了"深度置信网络"（Deep Belief Networks）的概念，从而开启了深度学习领域的新篇章。这一创新性工作不仅重新定义了神经网络的训练方式，也创造了新名词"深度学习"。深度学习迅速崭露头角，成为计算机视觉、自然语言处理、语音识别等多个领域的关键技术，取得了一系列突破性成就。

深度学习是一种模拟人脑进行分析和学习的神经网络，其核心是深度神经网络，也就是多层次的神经网络。这种学习方法在图像识别、语音处理、自然语言处理等多个领域取得了巨大成功，被认为是实现人工智能的关键技术之一。

神经网络的基本构成单元是神经元，每个神经元通过激活函数对输入数据进行转换，然后输出到下一层神经元。在深度学习中，神经网络通常包含输入层、隐藏层和输出层。输入层负责接收外部数据，输出层负责给出网络的预测结果，隐藏层位于输入层和输出层之间，负责进行数据的非线性转换。

深度学习的"深度"指的是网络的层数。传统的神经网络只有很少的隐藏层，而深度学习则包含了大量的隐藏层，这使得网络能够捕捉到更复杂、更抽象的特征。深度学习的训练过程是一个反向传播的过程，通过不断调整网络中每个神经元的权重，最小化网络的预测值和真实值之间的误差。深度神经网络通常要优于浅层神经网络，因为增加隐藏层的深度可以使网络更好地学习复杂的特征和表示。这种深度的特点有助于网络更好地捕捉数据中的抽象特征和模式，从而提高了性能和精确度。

深度学习有两个关键性的技术，分别是卷积神经网络和循环神经网络。

卷积神经网络（Convolutional Neural Network，CNN）是一种专门用来处理具有网格结构的数据（如图像）的深度学习模型，它是深度学习领域的重要成果之一，被广泛应用于图像识别、视频分析和自然语言处理等任务。卷积神经网络通过模拟人类视觉系统的工作原理，能够自动并有效地提取图像中的特征。

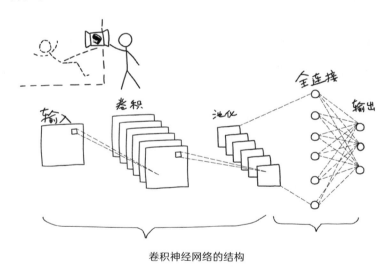

卷积神经网络的结构

卷积神经网络的结构通常包括卷积层、池化层和全连接层。卷积层是卷积神经网络的核心，主要负责对输入数据进行卷积操作。卷积操作是一种特殊的数学运算，它在图像处理和深度学习中非常常见。我们可以将其想象成一个小窗口在一张图片上移动，这个小窗口称为"卷积核"或"滤波器"。

想象一下，你手中有一张图片，而你的任务是通过某种方式强调图片中的边缘。这时，卷积操作就可以派上用场了。

首先，你需要一个卷积核，这是一个小的、通常是正方形的矩阵（比如 3×3、5×5 的大小）。这个矩阵包含了一些预设或学习得到的数值。接下来，你将这个卷积核放到图片的左上角，将卷积核中的每一个数与其下方的像素值相乘，然后将所有的乘积相加。这个相加的结果就是新图片在这个位置的像素值。然后，你将卷积核向右移动一个像素，重复上述过程。这样一直进行，直到卷积核覆盖了图片的每一个位置。在卷积核移动时，有时候它的一部分会超出图片的边界。为了处理这个问题，你可以选择将图片边缘用 0 或其他数值填充，或者只在卷积核完全位于图片内部时进行操作。

这里举一个简单的例子，假设一个图像区域如下：

[1, 2, 3, 4, 5]

[5, 4, 3, 2, 1]

[1, 0, 1, 0, 1]

[0, 1, 0, 1, 0]

[1, 2, 1, 2, 1]

卷积核如下：

[0, 1, 0]

[1, −4, 1]

[0, 1, 0]

对于左上角 $3 \times 3$ 的区域，也就是如下区域：

[1, 2, 3]

[5, 4, 3]

[1, 0, 1]

计算得出第一个位置的输出是 –6。

接下来，我们将卷积核向右滑动一格，选取下一个 $3 \times 3$ 的区域：

[2, 3, 4]

[4, 3, 2]

[0, 1, 0]

计算结果是 –2。

然后再移动到右上角的区域：

[3, 4, 5]

[3, 2, 1]

[1, 0, 1]

计算结果是 0。

就这样我们完成所有区域的计算，可以获得一个新的矩阵，这也是卷积操作最终的输出结果：

[–6, –2, 0]

[ 7, –1, 5]

[ –2, 4, –2]

通过这种方式，卷积核能够捕捉到图片中的局部特征，如边缘、纹理等。而不同的卷积核能够捕捉到不同的特征。例如，一个卷积核可能对垂直边缘很敏感，而另一个卷积核可能对水平边缘很敏感。

这种卷积操作的美妙之处在于，它能够通过学习得到最优的卷积核，自动从数据中提取有用的特征，而不需要人工设计。这使得卷积操作成为深度学习和图像处理中一种非常强大和灵活的工具。

池化层通常跟在卷积层之后，用来减小数据的空间大小，从而减少计算量和避免过拟合。我们可以用一个简单的例子来理解池化层的作用。

想象一下，你正在看一张图片，这张图片是由许多小方块（像素）组成的。如果我们想要更快地处理这张图片，一种方法就是将图片变得更小，但我们又不想丢失太多重要信息。这就是池化层的作用。

池化层的操作很简单，它在图片上滑动一个小窗口（比如说 2×2 的大小），然后对窗口内的像素值进行简单的计算。最常见的两种类型的池化是最大池化和平均池化。

在最大池化中，我们选取窗口内的最大值作为这个区域的代表；在平均池化中，我们计算窗口内所有值的平均值。无论是哪一种池化，窗口都会在图片上移动，按照一定的步长（比如说每次移动 2 个像素）进行采样。

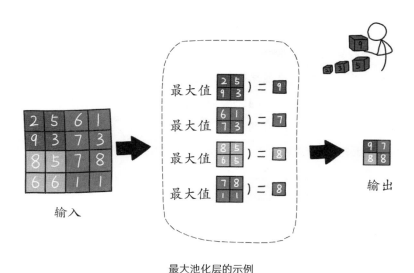

最大池化层的示例

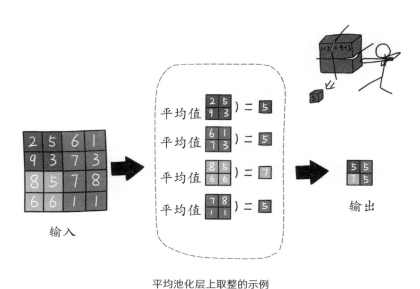

平均池化层上取整的示例

通过这种方式，池化层将图片的尺寸变小了，但仍然保留了图片中最显著的特征。比如说，如果图片上有一个明显的垂直边缘，即使经过池化操作，这个边缘的主要信息仍然会被保留下来。总的来说，池化层通过减小数据的空间大小，帮助我们减少计算量，提升网络运算速度。此外，还可以降低过拟合的风险。

那什么是过拟合呢？

过拟合是机器学习和深度学习中常见的一个问题，它发生在模型对训练数据学习得"太好了"，以至于它甚至记住了训练数据中的噪声和异常点，而不是只学习到数据的真实分布。

我们可以用一个生活中的例子来通俗解释过拟合。想象一下，你有一本历史试题的答案书，你为了考试，死记硬背了这本书中的所有内容。考试时，如果题目和你背的完全一样，你肯定能得满分。但如果考试出了一些新的或者稍微变化的题目，你可能就答不出来了，因为你只是记住了答案而没有真正理解历史。

在这个例子中，答案书就像训练数据，你的记忆能力就像一个机器学习模型。你死记硬背答案书就像过拟合：模型学习到了训练数据的一切细节，甚至包括一些不应该学习的噪声，比如答案中的一些印刷错误。这使得你或者模型在训练数据上表现得非常好，但在新的或者没有见过的数据上表现得很差，因为它没有捕捉到问题的本质，没有很好地泛化。

全连接层位于网络的末端，作用是在网络的不同层之间建立全面的连接，使得网络能够捕捉到输入数据的复杂和深层次的特征。

在全连接层中，每个神经元都与前一层的所有神经元连接，而这些连接都有对应的权重。通过这样的连接方式，全连接层能够将前面层捕捉到的局部特征进行整合，从而学习到输入数据的更加全面和深入的信息。

全连接层的工作机制可以类比为高级推理和决策过程。举例来说，如果我们的神经网络是用来识别图片中的物体的，卷积层和池化层可能负责提取图片中的边缘、颜色和纹理等局部特征，而全连接层则负责将这些局部特征综合起来，进行更加高级的分析和推理，从而判断出图片中到底是什么物体。

全连接层在训练过程中，通过反向传播算法和梯度下降等优化方法来不断调整权重，以最小化预测值和真实值之间的差距。

我们用一个简单的比喻来说明反向传播算法。

假设你是一个厨师，正在尝试制作一种新的饼干。你有一个食谱（神经网络模型），里面列出了不同的材料（输入数据）以及如何将它们混合在一起制作饼干的步骤（模型的层）。在第一次尝试时，你按照食谱的指导做了饼干，但是结果并不理想，饼干的味道不够好（模型的预测结果和真实结果有差距，即损失）。

这时，反向传播算法就像是一个经验丰富的烘焙师，他尝了一口你的饼干，并告诉你应该如何调整食谱中的材料比例，比如减少一点糖，增加一些牛奶，以便下次能做出更好吃的饼干。

在神经网络的语境中，这个"调整食谱"的过程就是更新模型中的权重和偏置（模型参数）。反向传播算法计算出每个参数应该如何改变，以减小模型的预测结果和真实结果之间的差异。

具体来说，反向传播算法首先进行一次"前向传播"，即按照当前的食谱（模型参数）制作一批饼干（进行一次预测）。然后，它计算出饼干的味道和你期望的味道之间的差异（损失函数）。接下来，算法进行"反向传播"，从最后一步反过来，一层层地计算出每个材料（参数）对饼干味道的影响，并告诉你应该如何调整它们（梯度下降）。通过反复进行这个过程，你的食谱（模型）会越来越好，最终能够做出美味的饼干（准确的预测）。这就是反向传播算法的基本原理，它通过从错误中学习来不断改进模型，提高其性能。

卷积神经网络在图像识别领域取得了巨大的成功，其成功的关键在于其能够直接从原始图像中学习到有用的特征表示，无须人工设计特征。此外，卷积神经网络的层次结构使其能够捕捉到图像的层次特征，从边缘到纹理再到物体部件，最终实现对整个图像的理解。

另一种重要的深度学习模型是循环神经网络（Recurrent Neural Network, RNN），它能够处理序列数据，并记住过去的信息以影响未来的输出。这使得它们非常适合处理时间序列数据，比如语音信号、股票价格或者文本。

在传统的神经网络中，每个输入和输出都是独立的，但在循环神经网络中，事情就不是这样了。在循环神经网络中，网络会对前面的信息进行记忆，并用这些信息来影响后面的输出。这是通过在网络的层之间添加循环连接来实现的，这些连接允许信息在不同时间步（time step）之间流动。要更具体地说明，你可以想象一个循环神经网络是由一系列相同的神经网络单元组成，每个单元负责处理序列中的一个时间步。

时间步是在处理序列数据或时间序列问题时使用的一个概念，用于表示序列中的特定点或特定阶段。在循环神经网络或其他与时间相关的模型中，时间步通常用来表示序列中的顺序位置，每个时间步对应序列中的一个元素或一组元素。举个例子，假设我们有一个关于股票价格的时间序列数据，其中每天的股票价格都被记录下来。在这个例子中，每一天可以被认为是一个时间步，每个时间步包含了那一天的股票价格信息。再比如，在处理自然语言和机器翻译或文本生成时，一个句子中的每个单词或字符都可以被认为是一个时间步。

在循环神经网络，每个单元接收来自前一个时间步的输出作为其输入的一部分，并生成一个输出，这个输出将被用作下一个时间步的输入之一。这种方式使得每个单元能够"记住"前面时间步的信息，并用这些信息来影响其输出。

这种记忆能力使循环神经网络在处理与时间相关的问题时非常强大，比如语音识别、机器翻译或者文本生成等任务。例如，在文本生成任务中，网络需要记住前面生成的单词，以便生成语法和语义上合理的句子。

然而，标准的循环神经网络也有其局限性，其中最主要的一个问题是它们难以学习长距离依赖关系，也就是说，它们难以记住序列中较早的信息，并将其用于后面的时间步。这是因为在每个时间步，网络的状态都会更新，旧的信息会逐渐消失，而这个过程中可能会发生信息丢失。

为了解决这个问题，研究人员引入了一种特殊类型的循环神经网络，叫作长短时记忆网络（Long Short-Term Memory, LSTM），它通过引入一种称为"门"的机制来允许网络在需要时保留信息，也在不需要时丢弃信息。长短时记忆网络中有三个主要的门：遗忘门、输入门和输出门。遗忘门负责决定哪些信息应该被遗忘或者抛弃，它通过观察当前的输入和之前的状态来作出决定。输入门则决定哪些新的信息应该被存储在网络的状态中。最后，输出门决定基于当前的输入和网络的状态下，什么信息应该被输出。这使得 LSTM 能够学习长距离依赖关系，提高了其在处理时间序列数据方面的性能，但还是不够。

在深度学习被提出后，影响最大的就是 Transformer 模型。

Transformer 模型最初是由 Google 在 2017 年提出的，用于处理自然语言处理（NLP）任务。它在许多任务上取得了前所未有的性能，包括机器翻译、文本生成、问答系统等。

在 Transformer 模型出现之前，循环神经网络和它的变体，是处理序列数据的主流方法。这些模型通过在时间步之间传递隐藏状态来处理输入序列，但它们存在一些缺点，如难以并行处理序列和长距离依赖问题。

Transformer 模型彻底改变了这一局面。它引入了自注意力

（self-attention）机制，使模型能够在处理每个词时考虑到输入序列中的所有其他词，从而更好地捕捉到长距离依赖关系。

假如你在看一本书，突然遇到了一个很难的词，你可能就会往前翻几页，看看这个词之前是怎么被使用的，从而帮助自己理解这个词的意思。自注意力机制其实也在做类似的事情，它帮助计算机更好地理解和处理语言或者图片。

举个例子，如果有一句话："那只猫追着那只小老鼠跑到了房间的另一边。"在这句话中，"追着"这个词和"猫"以及"小老鼠"是紧密相关的。自注意力机制能够帮助计算机看到这种关系，即使"追着""猫"和"小老鼠"在句子中的位置不是挨着的。

自注意力机制通过给每个词分配一个"重要性分数"来做到这一点。在我们的例子中，它可能会给"猫"和"小老鼠"很高的分数，因为它们和"追着"这个词很相关。然后，它使用这些分数来创建一个新的"加强版"的单词表示，这个表示包含了句子中所有重要单词的信息。通过这种方式，自注意力机制帮助计算机更好地理解句子的整体意义，就像你翻书页来理解难词一样。并且因为它能够同时处理整个句子中的所有单词，所以它非常快速高效。

Transformer 模型的成功催生了一系列基于其架构的变体。其中最著名的是由 OpenAI 开发的 GPT 系列，这是一组自回归语言模型，它们使用了 Transformer 模型的解码器。这些模型通过在大量的语料库上进行预训练，学习了丰富的语言知识，然后可以根据特定任务进行调整。GPT-3 模型以其 1750 亿个参数成为该系列中最大的模型，显示了惊人的语言处理能力。

谷歌提出的 BERT 模型则采用了 Transformer 模型的编码器部分。BERT 在预训练阶段使用了掩码语言模型，通过预测句子中被随机掩盖的单词来进行训练，这让模型能够从左右两个方向学习上下文信息，大大提高了模型的语言理解能力。

另外，谷歌的 T5 模型将所有自然语言处理任务都视为文本到文本的转换问题，不论是语言翻译还是文本摘要，T5 模型都能够处理。而 Facebook 的 BART 模型结合了 BERT 和 GPT 的优点，它是一个序列到序列的模型，同时使用了 Transformer 模型的编码器和解码器，尤其擅长于文本生成任务。

这些模型的核心优势在于其能够进行高效的并行处理以及具有强大的表征学习能力，它们在各种自然语言处理任务上都取得了前所未有的成果，包括但不限于阅读理解、文本分类、机器翻译和文本生成。

尽管深度学习和相关技术如 Transformer 模型带来了巨大的进步，人工智能依然处在实现完全的自主智能和替代人类智能的初级阶段。深度学习模型在特定任务上的表现虽然让人印象深刻，但它们的能力在很大程度上仍然受限于所接受的训练数据以及任务的范围。

深度学习的突破带来了很多激动人心的机遇，但替代全方位的人类智能还有一段相当长的路要走。人工智能未来的发展不仅仅是算法和计算能力的提升，还需要跨学科合作，克服伦理、社会和技术上的挑战，以实现真正意义上的智能。

# 后 记

　　亲爱的读者，当您翻到这本书的最后一页，我相信您已经对那些改变世界的算法有了逐渐深入的了解。从最基础的二进制到简单的深度学习技术，这些算法的历史、原理和应用都为我们提供了丰富的知识宝藏。但是，算法的世界是无尽的，而这本书只是为您揭开了它的冰山一角。

　　对于那些对算法产生浓厚兴趣的读者来说，这并不是终点，而是一个新的起点。算法，作为计算机科学的核心，是一个持续发展的领域，每天都有新的研究成果和应用出现。因此，为了更深入地探索算法的魔法，您需要更加主动，走出书本，深入实践和研究。

　　我建议您尝试亲手实现本书中介绍的各种算法。通过编程，您可以更深入地理解算法的运行机制，并培养自己解决问题的能力。现在有很多在线编程平台和教程，如 LeetCode 和 Codecademy 等，它们提供了丰富的练习题和指导，帮助您巩固所学知识。

　　最后，我鼓励您与同好交流和合作。无论是线上的技术社区，还是线下的学术会议和工作坊，都提供了一个与他人分享知识和经验的平台。通过交流，您可以获得新的启示，也可以为他人提供帮助和指导。

　　祝您在未来的道路上一帆风顺。